又来了！

遗憾的进化

〔日〕今泉忠明 编 〔日〕下间文惠 等绘 王雪 译

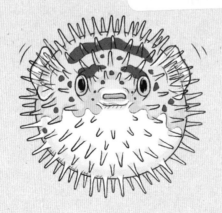

南海出版公司

序

本书以"遗憾"为主题词，揭秘了一般科普书很少提及、动植物让人意外的一面。希望你在阅读之时，能对生物产生一些兴趣与关爱。

实际上，我们对生物的了解，还不及其全貌的10%。因此，有关生物的种种，众说纷纭。直到现在，每天依然有各种生物研究在进行着。而本书介绍的知识，只是较为流传的说法，随着时间的推移，可能会被修正或者推翻。

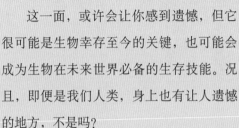

　　这一面，或许会让你感到遗憾，但它很可能是生物幸存至今的关键，也可能会成为生物在未来世界必备的生存技能。况且，即便是我们人类，身上也有让人遗憾的地方，不是吗？

　　阅读本书时，相信你会一边好奇动物"怎么会变成这样"，一边爱心爆棚，觉得"这样也蛮可爱的"。如果你能从中愉快地收获生物知识，增添几分"像它们一样加油"的勇气，我将备感荣幸。

　　　　　　　　今泉忠明

　　新经典文化股份有限公司
　　　www.readinglife.com
　　　　　出　品

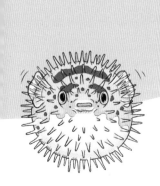

目 录

第1章　有点儿遗憾的进化小故事

第2章　让人遗憾的小讲究

第3章　让人遗憾的身体

第4章 让人遗憾的生活方式

进化的岔路② 披荆斩棘的鱼石螈 …………………… 126

第5章 让人遗憾的能力

翻页动画小剧场

※ 说明

本书每页介绍一种生物，标题中的名称多为一类生物的统称，"生物名片"部分介绍的中文名如若不同，则为该类生物中的典型物种。

蓝色物品搜集令

缎蓝园丁鸟的 5 件
求婚道具遗失在书里了，
请你帮它找一找，
完成婚礼吧！

第**1**章

有点儿遗憾的
进化小故事

进化里藏着不少让人遗憾的秘密。
想要了解动物们的遗憾事，
请先随我来了解一下"进化"吧！

是什么让人遗憾？

世界上生活着许许多多拥有出色能力的动物。比如，金雕视力超群，周围 1 千米内的猎物都逃不过它们的眼睛；抹香鲸浮上水面呼吸一次，就能潜水长达 90 分钟……

然而，与此相对的是，也有许多动物拥有让人遗憾的地方，比如看起来派不上用场的能力、让人费解的行为。对此，人类或许会很疑惑："为什么要这样呢？"可动物们却不以为意，兀（wù）自过着蠢萌的生活。

比如《遗憾的进化2》里 介绍的几位——

第 2 章 让人遗憾的
小讲究
➡ P22

一旦弄丢了钟爱的石头，就会茶饭不思的
海獭

平常把钟爱的石头藏在腋下随身携带。一不小心弄丢的话，即便美食当前，也会食不知味，直到找到新的理想的石头。

第 3 章 让人遗憾的 身体 ➡ P54

拥有亮蓝色睾丸的 翠猴

为吸引雌猴，睾丸呈夺目的亮蓝色。随着长大，颜色越来越蓝，实在是太"吸睛"啦！

第 4 章 让人遗憾的 生活方式 ➡ P90

即使想打鸣也没戏的 弱鸡

鸡群规矩：黎明破晓时分，打鸣要按"强者优先"的顺序来。

第 5 章 让人遗憾的 能力 ➡ P128

说滚就滚的 卵石蟾蜍

虽然身为蟾蜍，腿却非常细瘦，不擅跳跃。只能蜷起四肢缩成一团，任风吹拂，滚动逃生。

动物们身上，为什么会有这些让人遗憾的地方呢？

人类的身体毫无遮挡，比较脆弱

3

过分依赖眼睛，鼻子和耳朵都不太灵敏

据说，猫咪的听力超过人类的4倍，嗅觉是人类的2倍。明明老鼠就在周围，人类却毫无察觉，真是太迟钝了，喵～

4

体表没什么毛，看着就冷

身体不长毛，而是特意裹上碍事的布料，简直不明所以，喵～

明明有这么多遗憾的地方，为什么人类还能生存到今天呢？

人类也有遗憾？

1
脑袋又大又重，很容易跌倒

身体平衡力比较差，喵～我们"喵星人"可以轻松地在墙上踱步。

2
两条腿走路，速度要慢得多

我们喵星人捕猎时的速度可快了，7 秒可以跑 100 米！动作太慢的话，可别想抓住老鼠哦！

某种生物身上如果有让人遗憾的地方，是不是就意味着它要比其他生物低等呢？

答案并非如此。

无论什么生物，或多或少都有让人遗憾的地方，包括人类。不信的话，不妨让我们以猫咪的视角，看看人类身上有哪些遗憾的地方吧！

人类好可怜哦，喵~~

15

所谓的「遗憾」，恰恰是进化的足迹

人类身上为什么有那么多遗憾的地方？是人类弱小吗？显然不是。今天看起来遗憾的地方，其实是人类历经悠久的岁月逐渐进化的结果。

通常认为，人类起源于非洲。人类的祖先猿人从古猿进化而来，和猿猴类似。在距今约 1200 万年前，地壳运动形成了东非大裂谷，导致裂谷东边环境剧变，降雨减少，森林逐渐退化成草原，生活在这里的森林古猿不得不转移到草原上生活。它们不断适应新的环境，最终成功地生存下来，进化为今天的人类。

人类的祖先原本居住在森林中，但据说因为竞争不过强大的类人猿[1]，被赶到了草原上。

草原食物相对较少，还有众多捕食者的威胁，人类的祖先大多都死掉了。

1分钟读懂

人类进化史

① 现在一般认为人类的祖先是因地理环境变迁而迁移。

16

什么是"进化"？

进化，是指生物体的构造、能力、行为等发生巨大的变化。

气温气候、居住场所、环境等发生较大的变化，会使某些生物的竞争对手减少。不过，一旦环境发生剧变，绝大多数生物都难逃死亡的厄运。只有极少数生物的身体或能力能够适应新环境，得以幸存下来。在自然选择的作用下，具有生存优势的子孙代代繁衍，不断完善，这就是进化。

在草原上，用双腿走路，比用四肢便利多了——

在那儿呢！

站得高，看得远……
· 更容易发现食物
· 提前发现敌人，等等

然而有一天，人类的祖先发现，直立显得更高大，许多动物看到后会惊慌逃走。

进化！

直立行走带来了各种各样的变化。就这样，我们的祖先逐渐进化成了人类，一直幸存到今天。

1 脑容量增大，变得更有智慧！

2 双手获得解放，就可以制作和使用工具了！

3 视野扩大，可以迅速发现食物和敌人，规避风险！

4 顶着日晒长时间狩猎，体毛减少有利于散热，保护身体不受伤害！

这些让人遗憾的地方，
是人类祖先生存所必需的条件，
是身体和能力不断适应新环境的结果！

17

在合适的环境中生存、进化

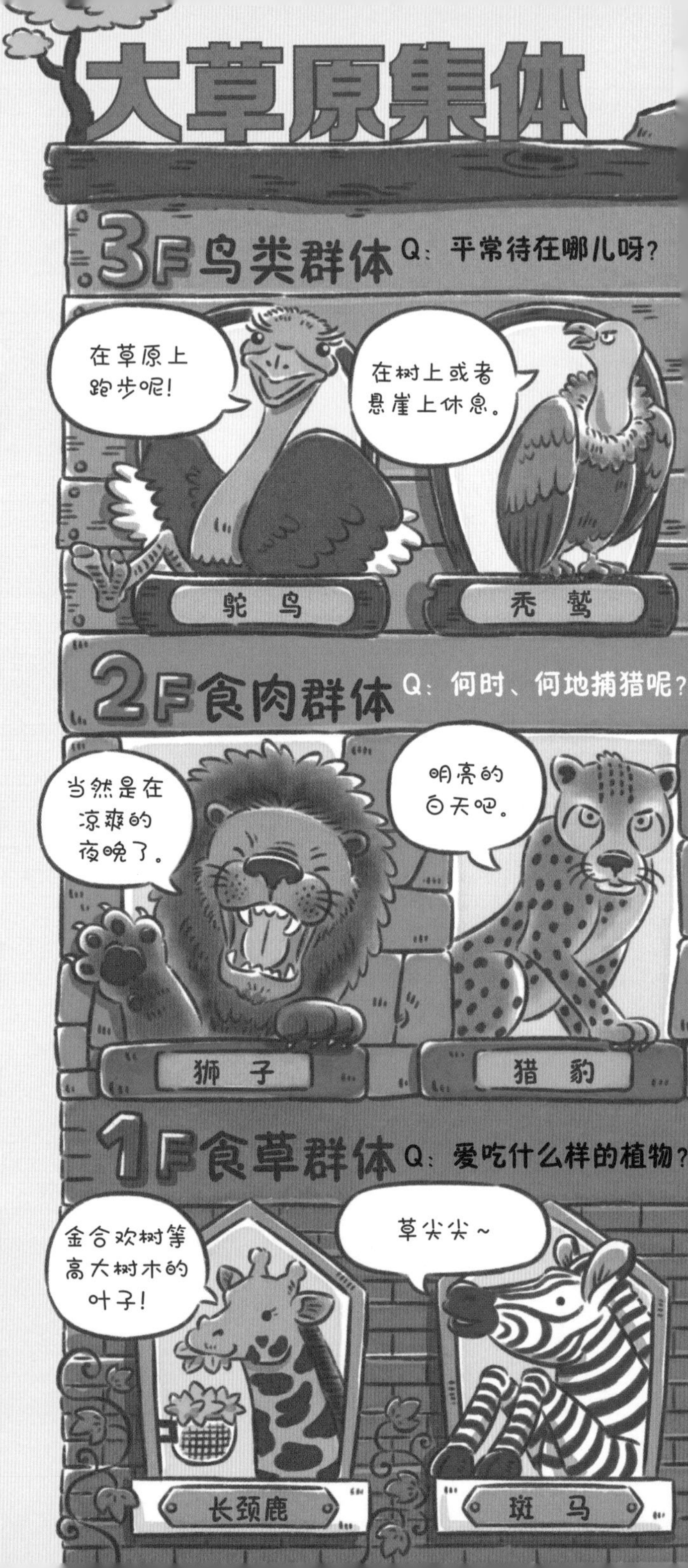

火烈鸟

鳄鱼

瞪羚

不仅人类，所有动物都是如此——只有在各自适合的环境中才能生存下来，身体和能力才会逐渐进化。换句话说，每种动物都有更适合自己生存的环境。

比如，同样是生活在非洲大草原的动物，适宜的生活环境却各不相同。

当时所处的环境，
决定了进化的方向。
也就是说，
进化的本质是"自然选择"。

19

人们常说，自然界是一个弱肉强食的世界。

但是，我们评价生物的标准，不应该只有"强"和"弱"。

这世上，既有翱翔于1万米高空的飞鸟，也有栖息在8千米深海的游鱼；既有半天不进食就会饿死的鼹（yǎn）鼠，也有绝食5年以上依然活着的大王具足虫。

大家不一样，这才是进化的力量

生物的食物来源和居所、身体构造、生活方式与能力等各不相同，也正因如此，才总有生命能够适应新环境，得以存活下来，延续后代。

今天让人感到遗憾的地方，明天或许就会成为生物赖以幸存的关键。

第2章

让人遗憾的

小讲究

本章介绍的 26 种生物，都有些固执的小讲究，
会让你感到不可思议，忍不住想问：
"为什么非要这样做？"

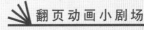 翻页动画小剧场

企鹅小脚一滑……

遗憾大奖

松鼠会因颊囊里的食物腐烂而生病

根本停不下来。

　　松鼠的腮帮子鼓鼓的，那里是颊囊所在，可以用来储存食物。多亏了颊囊，松鼠才能将果实等搬运到安全的地方，留待日后慢慢享用。

　　但是，对于家养的宠物松鼠来说，颊囊的存在可能会导致它们生病。

　　乳酪、煮鸡蛋之类的食物很容易黏着在口腔表面，有时会残留在颊囊中。如果松鼠比较贪心，把颊囊塞得满满的，**吃不完的食物残渣会渐渐腐败，最终导致生病。**因此，千万不要因为松鼠顶着一张可爱的小脸讨食，就被它们迷惑，喂养要科学有度。

生物名片

哺乳类

■ **中文名** 金花鼠
■ **栖息地** 北美及亚欧大陆北部的林区

■ **大小** 体长约14厘米
■ **特点** 会躲在粮仓挖穴冬眠

阿德利企鹅会用便便在巢地周围绘制抽象图案

艺术就是爆炸！

　　每到十月左右，栖息在南极的阿德利企鹅就迎来了繁殖期，开始孜孜不倦地收集石子筑巢。企鹅妈妈将卵产在巢中，然后两口子会交替着孵化，直到宝宝诞生。

　　不过，住了一段时间后，**巢穴周围的地面就会出现一条条白色的线**。从上方俯瞰，图案很像太阳或向日葵，充满了艺术气息。可让人想不到的是，**这些线条的真面目竟然是大便！**由于孵蛋中途不能走太远，又不想把心爱的家弄脏，阿德利企鹅练就了一种特殊的排便方法——**气势十足地将大便像光波一样发射出去。**

　　而如果它们吃了红色的磷虾，则会发射可爱的粉红"光波"。

生物名片

鸟类

- **中文名** 阿德利企鹅
- **栖息地** 南极周围的海域

- **大小** 全长约75厘米
- **特点** 在企鹅家族中，攻击性相对较强

25

非洲野犬用打喷嚏的次数来表决是否去狩猎

需要群体合力行事的时候，人类一般会通过商量来决定，而非洲野犬则**用打喷嚏的次数来决定**。

狩猎前，十几只一群的非洲野犬会聚集在一起，召开一场"集体表决大会"，如果打喷嚏的占多数，就决定去狩猎。

有趣的是，**表决通过所需的喷嚏数**，会根据召开集会的雄犬的强弱而变化。举个例子，如果集会是由强者召开的，集齐 3 个喷嚏即可狩猎；**而如果是由弱小者召开的，没有 10 个喷嚏恐怕是不行的**。

另外，如果喷嚏的次数不够，大家就集体睡午觉去。

生物名片

哺乳类

- ■中文名　非洲野犬
- ■栖息地　非洲的草原

- ■大小　体长约1米
- ■特点　被认为是草原上的狩猎之王

拳击蟹的武器并非螯足，而是绒球

拳击蟹又叫啦啦队蟹，因为它们总是高举着两个"绒球"，既像戴着拳套的拳击手，又像在运动会上加油助威的啦啦队队员。这绒球暗藏玄机，它们其实是海葵。啦啦队蟹的螯足太小，没办法用作武器。因此，聪明的它们**会用两个螯足挥舞有毒的海葵，跟敌人对抗**。

对啦啦队蟹来说，这绒球可是自保的利器，非常重要，一刻也不能离手。偶尔稀里糊涂弄丢了的话，啦啦队蟹就会去**抢夺同伴的海葵，有时甚至会把整个海葵一撕两半**。

遗憾的是，在我们人类看来，啦啦队蟹的拼命威吓，反而更像是在为对方加油打气。

生物名片

甲壳类

- **中文名** 花纹细螯蟹
- **栖息地** 印度洋到太平洋的珊瑚礁海域

- **大小** 甲壳宽约1厘米
- **特点** 背壳有橙黑相间的华丽花纹

长根滑锈伞作为一种食材，却生长在粪便上

承蒙大粪的恩惠

感谢

长根滑锈伞这种真菌，**靠汲取鼹鼠粪便中的营养生长**。

鼹鼠在地下筑穴而居，会设置一间厕所用来排便。长根滑锈伞感知到粪便传递的"信号"，根系就会朝向粪便所在的位置生长。

也许你会提出疑问："鼹鼠的便便小小的，会不会很快就分解完了？"答案并非如此。鼹鼠习惯定居，所以不必担心长根滑锈伞的养分会中断。从鼹鼠的角度看，这样一来，**自己的房间还能得到免费的清理**，生活会过得更加舒适。

对了，靠粪便生长的长根滑锈伞，还是一种产量不多的食用菌，并且深受食客好评："吃法多多，味道美美哒！"

生物名片

菌类

- ■ **中文名** 长根滑锈伞
- ■ **栖息地** 东亚和欧洲的林地
- ■ **大小** 菌伞直径约4厘米
- ■ **特点** 秋天会伸展出白色的菌伞

维氏冕狐猴一到地上就欢蹦乱跳

蹦蹦

跳跳

表面手舞足蹈，其实也挺烦恼。

维氏冕狐猴几乎整日都在树上度过。它们娴熟地在树枝间穿梭跳跃，寻找喜欢的树叶、果实等食物，灵巧得如马戏团表演一般。

这有赖于维氏冕狐猴独特的身体构造。它们的后肢大而强壮，可以轻松地蹬腿跳跃。前肢虽短，却可以牢牢地抓住树枝，长长的尾巴也能帮助身体保持平衡。然而，**前短后长的四肢不利于爬行**，维氏冕狐猴的脊椎也并不发达。**一旦从树上下到地面，它们就只能挥舞着双臂，蹦蹦跳跳地横向前进。**

维氏冕狐猴明明是在认真地行走，但在人类看来，**却像在跳舞庆祝似的**，实在太可爱啦！

生物名片 ─────

哺乳类

■ 中文名	维氏冕狐猴	■ 大小	体长约50厘米
■ 栖息地	东非马达加斯加岛的森林	■ 特点	头冠和脸呈暗褐色，身体的大部分呈白色

东方宽吻海豚拿海参当玩具，有时甚至会互抢

海豚智商很高，它们**会开动脑筋，利用身边的东西做游戏**，比如骑在鲸鱼的背上，吞吐自己呼出来的泡泡玩耍。寻常的玩法不过瘾，有些海豚甚至开发出了令人惊叹的新花样。

比如东方宽吻海豚，它们钟爱的玩具竟然是海参。海参这种动物黏糊糊、软趴趴的，很多人都不喜欢这种触感。但东方宽吻海豚却**喜欢用吻部将海参像足球一样顶起来**，带"球"前进，有时甚至会引得小伙伴来抢球。

海豚**还喜欢跟随船只**。你一定以为它们是在玩耍吧？那可就猜错了。其实，它们**只是想借助航船搅动的水流，游泳更省力罢了**。

生物名片

哺乳类

- **中文名** 东方宽吻海豚
- **栖息地** 太平洋、印度洋的暖温带到热带海域
- **大小** 体长约2.5米
- **特点** 成年后，腹部会生出灰色斑点

象海豹会吞石头，
但这毫无意义

还没想明白为什么，就已经吞下去了……

不知你是否注意到，**不少动物都有吞石头的行为**。比如，鸵鸟会将大量小石子吞入砂囊①中，来帮忙**磨碎食物**；鳄鱼会通过吞石头来**增加身体比重**，以潜入水中，捕捉猎物。

每到繁殖季节，**上岸交配的象海豹也会吞下石头**。可在岸上它们并不需要抵抗浮力，在陆地期间也不进食，无须磨碎食物。

等到交配结束、回归大海时，象海豹又会将吞下的石头吐出来。至于为什么要吞石头，或许是怕长时间饿肚子导致胃缩小了？真是让人摸不着头脑。

①鸟类的消化器官之一，连接前胃和小肠，有厚厚的肌肉壁。内存吞入的砂粒，帮助研磨食物。

生物名片

哺乳类

- **中文名** 北象海豹
- **栖息地** 北太平洋东岸
- **大小** 体长约4米（雄性）
- **特点** 绝大多数时间生活在水中

卷甲虫口味奇特，很爱吃混凝土

在少有人注意的路边、混凝土砖下等隐蔽角落，细心的朋友时常会发现卷甲虫的存在。不必惊讶，**因为这里有卷甲虫爱吃的混凝土。**

伸出手指轻轻一碰，它们就会缩成球形，用体表的硬壳来保护自己，因此也叫"西瓜虫"。**这层甲壳的主要成分是钙**，为此，它们会**吃下富含钙质的混凝土外层，以使甲壳变得更加坚固。**

如今，无论在城市还是乡村，混凝土建筑、水泥路随处可见，这对于卷甲虫来说简直就像置身天堂。可遗憾的是，它们不知道这个世界不仅有混凝土，还到处都是人类，**自己随时都有被踩扁的危险。**

生物名片

甲壳类

- **中文名** 普通卷甲虫
- **栖息地** 广泛分布在平原地区
- **大小** 体长约1.2厘米
- **特点** 会吃掉自己蜕下的壳

伪装蟹如果不背点儿什么，就浑身不自在

伪装蟹是一种造型奇特的螃蟹，日本民间俗称为"藻屑蟹"。正如其名，不论是海藻的碎屑，还是珊瑚、浮石①等垃圾碎块，它们来者不拒，通通都要背在身上。

不大的甲壳上，垃圾铺得满满的，生怕留下一丝空隙，就连腿上也不放过。**这种另类的"时尚"造型**，帮助它们成功骗过了鱼等捕食者的眼睛，优哉游哉地生存到了今天。

然而，伪装蟹似乎并没有想用伪装来瞒过天敌的眼睛——它们偏爱用红、黄、蓝等彩色装饰材料，**把自己打扮得像信号灯一样显眼**。

①火山喷出的岩浆冷却形成的多孔岩石，比重小，能浮于水面。

生物名片

甲壳类

- ■**中文名** 钝额曲毛蟹
- ■**栖息地** 西太平洋到印度洋的温暖海域
- ■**大小** 甲壳宽约3.5厘米
- ■**特点** 夜行性动物，白天隐藏在岩石缝隙等地方

遗憾
大奖

黑叉齿鱼会囫囵吞下庞大的猎物，有时把胃都撑破了

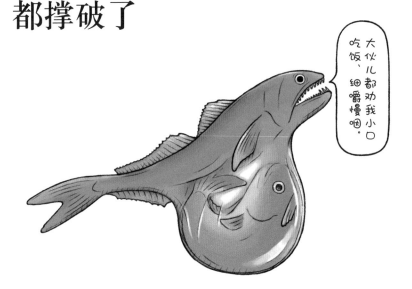

大伙儿都劝我小口吃饭、细嚼慢咽。

黑叉齿鱼生活在 300 ~ 3900 米深的海域，这里生物稀少，食物匮乏，许多动物好几个月才进食一次。为此，黑叉齿鱼想出了一个简单粗暴的捕食策略："发现活物别多想，**先吞了再说**。"

在它们看来，有猎物上门，甭（béng）管大小，能吃就行。它们的胃弹性极佳，即便猎物的体形比自己大上一倍，整个吞下去也毫无压力，只不过**肚皮会被撑得圆鼓鼓的，几近透明**。

不幸的是，有时猎物过大，无法及时消化，**腐败的残骸会释放出气体，导致黑叉齿鱼身体爆裂**，或者鼓成一个气球浮上海面，最终因为水压骤减而死。可见，能吃是福，但也要量力而为啊！

生物名片

硬骨鱼类

■ **中文名**	黑叉齿鱼	■ **大小**	全长约25厘米
■ **栖息地**	广泛分布在热带到温带海域	■ **特点**	牙齿向内生长，能牢牢地锁住猎物，使其无法逃脱

琉球钝头蛇是"挑食大王"，几乎只吃右旋蜗牛

看到左旋的家伙就牙疼～

每个人都有自己的饮食偏好，有的人不吃辣，有的人无肉不欢。琉球钝头蛇**几乎只吃右旋蜗牛**，在挑食这方面让人类望尘莫及。

如此**挑食**，并非任性使然。琉球钝头蛇以蜗牛为主食，进食时会用上颚压住蜗牛壳外侧，把下颚探入壳内，扯出软体部分享用。而**绝大多数蜗牛螺纹都是向右旋转的**，这样一来，壳内左侧空间略大。蛇的左侧牙齿少，下颚更容易深入壳内，勾出软体。而右侧牙齿多，能协助上颚牢牢咬住蜗牛壳。

当然，左右两侧牙齿数量不平衡，也会导致琉球钝头蛇在进食其他动物或左旋蜗牛时颇为不便。

生物名片

爬行类

■ 中文名	琉球钝头蛇	■ 大小	全长约60厘米
■ 栖息地	日本石垣岛、西表岛的森林或田地	■ 特点	背部拱起时，体表的花纹从侧面看呈三角形

蜗牛会把便便精心折叠成五彩缤纷的"面条"

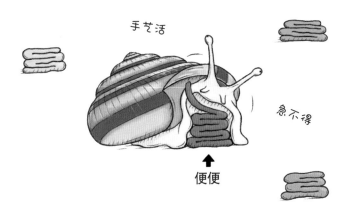

手艺活

急不得

便便

蜗牛的排便孔位于靠近壳入口的颈部，紧挨着呼吸孔。**细长的大便从这里滋溜滋溜地排出后，蜗牛会用腹足仔仔细细地折叠好**，就像人类厨师在精心折叠面条。

更有趣的是，这"面条"还是彩色的"蔬菜面"。蜗牛**虽然能消化坚硬的植物纤维，却无法分解其中的色素**。也就是说，它们如果吃了番茄，便便就是红色的；如果吃了南瓜，便便则是黄色的；而如果吃的是菠菜，便便就是绿色的——这简直就是在用便便画彩虹。

也难怪有设计师独具慧眼，用蜗牛便便来代替颜料，研制出色彩斑斓的便便地砖。

生物名片

腹足类

■ **中文名**	三条蜗牛		■ **大小**	壳直径约3.5厘米
■ **栖息地**	日本关东地区的山地或平原		■ **特点**	口腔内长有齿舌,能把食物磨碎

37

红袋鼠休息时也放不下 "偶像包袱"

在众多袋鼠中，体形最大的要数红袋鼠。它们**肌肉发达**，**力气十足**，**时速可达 60 千米**，即便是凶猛的食肉动物，也不会轻易对其出手。

这么厉害的红袋鼠，**却不得不向炎热投降**。红袋鼠生活在澳大利亚中部，这里是一片广阔的沙漠。一到夏天，地表在烈日的烘烤下，温度会迅速升至 60℃左右。红袋鼠难以忍受这样的高温，于是琢磨出了一项技巧：**在地上挖一个洞**，**将后半身塞进洞里**。这样一来，肚皮贴着凉快的地面，总算可以避暑了。

不过，这姿势在人类看来，跟横躺在沙滩上、"凹"造型拍照的**偶像明星差不多**。

生物名片

哺乳类

- ■**中文名** 红袋鼠
- ■**栖息地** 澳大利亚的平原
- ■**大小** 体长约1.2米
- ■**特点** 刚出生的袋鼠宝宝体重仅1克

缎蓝园丁鸟把青春都耗在了建造凉亭上

园丁鸟被誉为鸟类中的"建筑师"。**雄鸟为博得异性青睐，会精心筑造求偶亭**，因此也叫"亭鸟"。它们用各种小物品把凉亭式的鸟巢装点得漂漂亮亮的，以此来吸引雌鸟，表达爱意。

其中，缎蓝园丁鸟的求偶亭**对蓝色尤为偏爱**。花朵、羽毛、塑料瓶盖、吸管……只要是蓝色的，它们都会不辞辛苦地搜集起来。努力不是白废的，有了华丽精致的婚房加持，即便是那些其貌不扬、羽色暗哑的朴素雄鸟，也可以成功俘获雌鸟的芳心。

不过，雄鸟大兴土木建造的亭子，**其实没什么实用性**——新婚过后，**雌鸟会另外筑巢来产卵**、育雏。

生物名片

鸟类

- ■ **中文名** 缎蓝园丁鸟
- ■ **栖息地** 澳大利亚的热带雨林

- ■ **大小** 全长约30厘米
- ■ **特点** 雄鸟会衔着搜集来的道具跳舞求爱

山羊总想往高处爬，一不小心可能会坠落

提起山羊，可能大家首先想到的就是它们在牧场悠闲吃草的样子。可实际上，山羊原本是生活在高山上的动物。或许是为了躲避天敌，山羊练就了一身登高爬坡的本领。**一旦发现高处，它们就会热血沸腾**，使劲儿地往上攀登，那架势看起来锐不可当，哪怕是踩到其他动物，或者坠落山崖，也在所不惜。

居住在摩洛哥南部撒哈拉沙漠的山羊，更是个中翘（qiáo）楚。发现沙漠中为数不多的树木后，它们会**纷纷爬上去，啃食果实和叶子。**

于是，那些树看上去就像挂满了"山羊果"似的，成为当地的一大奇观，以至于这片沙漠成了一处观光胜地，每天都有大批游客慕名而来。

站在高处，真让羊雄心勃发、情绪高涨呢！

生物名片 ───

哺乳类

■ **中文名** 山羊
■ **栖息地** 在世界范围内被作为家畜饲养
■ **大小** 体高约80厘米
■ **特点** 特殊的蹄趾结构能牢牢地"挂"住岩石和树木

犰狳环尾蜥遇到危险会含住自己的尾巴

以守代攻
▶ 战略防御
走为上策

咔嚓

　　犰狳环尾蜥栖息在干燥的砂岩地带。这里植被稀少，它们又只在白天活动，几乎没有藏身之所。好在犰狳环尾蜥全身覆盖着一层满是尖刺的鳞片，犹如身披铠甲的勇士。

　　拥有优越的装备，犰狳环尾蜥却并不好战。遭遇敌袭时，它们会迅速躲进岩缝里。只有被逼到绝境了，鳞片装甲才会"悍然"登场——它们会咬住尾巴，**将身体蜷成炸鱿鱼圈的样子**，用坚硬的盔甲御敌。

　　这样的防守姿势效果虽好，却无法长时间维持。**如果身处平地滚不动，敌人又在附近盘桓（huán）不去，那可就糟了。**

生物名片

爬行类

■**中文名** 犰狳环尾蜥
■**栖息地** 南非的干燥地带

■**大小** 全长约18.5厘米
■**特点** 蜥蜴中少见的胎生

草蛉幼虫总是驮着一堆垃圾

断舍离实在太难了……

在草丛和田间，时常能看到一种碧绿的昆虫，它们有着细长的触角、透明的翅膀、纤柔的身体，如精灵般轻盈飞舞，这就是草蛉(líng)。偶尔也会在叶片上看到一小堆"行走的垃圾"，却很难想到，那是草蛉宝宝。

在草蛉大家族中，**有一种幼虫很喜欢驮垃圾**。它们的背部长有钓钩般的尖毛，平常喜欢把吃剩的蚜虫等食物和枯枝烂叶堆挂在上面。

至于它们为什么要驮垃圾，人们推测**这是一种伪装，以迷惑天敌**，躲避袭击。另外，科学家在研究琥珀化石时发现，**早在1亿年前，草蛉幼虫就开始驮垃圾了**。

生物名片

昆虫类

- ■ **中文名** 草蛉
- ■ **栖息地** 广泛分布在各地的林间和草地
- ■ **大小** 全长约1.5厘米（成虫）
- ■ **特点** 成虫会长出美丽的透明翅膀

鬼狒拥有夺目的亮蓝色屁股

快看看，我的屁股够不够靓?!

亮花了眼，比不了！

　　鬼狒（fèi）是一种体形较大的猴子，生活在非洲。相比它们的表亲山魈（xiāo）把花里胡哨的颜色都长在了脸上，鬼狒则**把艺术细胞都倾注在了屁股上**。

　　雄鬼狒的屁股呈现由红黄过渡到蓝绿的艳丽色彩，在猴毛的衬托下，**很像同学们爱吃的七彩棉花糖**，非常引人注目。这绚丽的屁屁不只是为了吸引雌性的注意，还有重要的意义——屁股的颜色越蓝，则代表实力越强大。

　　雄鬼狒会大方地**互相展示屁股**，以颜色来判定强弱，**明确族群中的等级秩序**。这种维系和平的方式，今天依然在鬼狒的世界里延续着。

生物名片

哺乳类

- ■ **中文名** 鬼狒
- ■ **栖息地** 非洲中部的热带雨林
- ■ **大小** 体长约75厘米（雄性）
- ■ **特点** 敌人靠近时，会用树枝或石头等来威吓对方

遗憾度：

渡~渡~

渡渡鸟因为太过逍遥而灭绝

有"呆头鸟"之称的信天翁，因为很容易被人类抓住，有濒临灭绝的危险。而同为鸟类的渡渡鸟，**其憨傻程度比起信天翁来有过之而无不及**。倘若编一部《闲散动物逸事簿》，它必定名列其中。

据说，渡渡鸟因其叫声似"渡渡"而得名。这种叫声给人一种悠闲安适的感觉，事实也的确如此：渡渡鸟翅膀短小，飞不起来也不用上树，就在地面上生活、孵蛋育雏。它们在毛里求斯岛上没什么天敌，可以**像水族馆里娇生惯养的企鹅一样**，从容安度鸟生。

可随着人类登岛、带来新的天敌，毫无戒备又不懂得逃跑的渡渡鸟，**被发现不到 200 年就灭绝了**。

生物名片

鸟类

■ **中文名** 毛里求斯渡渡鸟（已灭绝）
■ **栖息地** 印度洋毛里求斯岛的森林

■ **大小** 全长约1米
■ **特点** 在森林中过群居生活

雄窄额鲀会制造"麦田怪圈"来吸引雌性

每年一到 5 月左右，日本奄美大岛附近的海底就会出现**直径 2 米左右的神秘怪圈**。制造这"麦田怪圈"的并不是所谓的外星人，而是一种小小的河鲀（tún）。

雄性窄额鲀会用鱼鳍灵巧地搬挖海底的沙子，绘制成圆圈，并在沙圈上建造凸起的脊线与凹槽，反复修整至完美。它们还会孜孜不倦地**搜集来贝壳、珊瑚碎片等物品，精心装饰怪圈**。

整个建造过程大约要花费一周的时间。大功告成后，受到吸引的雌鱼会来到怪圈中央产卵。不过，如果怪圈选址不佳，**雌鱼出现的几率恐怕跟 UFO 有的一拼**。

生物名片

硬骨鱼类

- ■ 中文名　窄额鲀
- ■ 栖息地　日本奄美大岛附近的海底
- ■ 大小　全长约12厘米
- ■ 特点　雄性会咬住雌性，促其产卵

穴小鸮喜欢在巢穴中铺满其他动物的粪便

穴小鸮（xiāo）正如其名，作为一种猫头鹰，会飞却不住在树上，而是以啮齿动物遗弃的地下洞穴为巢。让人难以接受的是，它们**有一个奇怪的装修癖好——喜欢在巢穴里铺满其他动物的粪便。**

这样的家简直不堪想象。不过，粪便却能给穴小鸮带来出乎意料的便利。**昆虫会被气味吸引而来**，那可是送上门的美餐。虫子一进来，穴小鸮就会趁机吃掉它们。而且粪便中的细菌在繁殖发酵的过程中，会释放不少热量，无形中也**成了温暖巢穴的电热毯。**

如今，一些前卫的人已经住上了用便便建造的房子，可见便便潜力无限呀！

生物名片

鸟类

- **中文名** 穴小鸮
- **栖息地** 美洲的沙漠或草原
- **大小** 全长约22厘米
- **特点** 在地面捕食昆虫时,能利索地奔跑

笑脸怪来传达爱意 华美极乐鸟会变身为

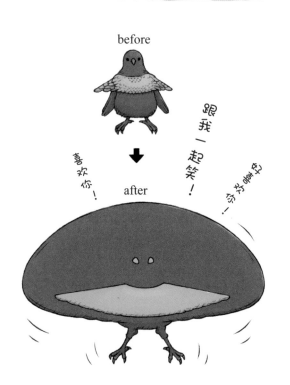

before

跟我一起笑！

喜欢你！

中文名

after

雄性华美极乐鸟是鸟类中的表演大师。它们会在森林中清理出空地，或选择视野开阔的树枝作为舞台，发现有雌鸟靠近时，就会发出"啾啾"的啼鸣，并频频振翅，**跳起热情的舞蹈，以求配对成功**。

以跳舞的方式求爱并不罕见，华美极乐鸟的奇异之处在于，它们**的舞姿非常魔性**：张开双翼构成脸盘，头顶的蓝羽竖成一对眼睛，胸前的蓝羽则张成大嘴，导致原来的面目完全被挡住，只剩下鲜艳的蓝色在跳动，**整个鸟变成了一只笑脸怪**，极具冲击力。

这样的笑脸怪渐渐接近，不晓得雌鸟是怎样的感受？真是让人好奇。

生物名片

鸟类

- ■ **中文名** 华美极乐鸟
- ■ **栖息地** 新几内亚的热带雨林

- ■ **大小** 全长约24厘米
- ■ **特点** 雄鸟的体羽能吸收超过99%的光，因而看上去漆黑无比

黄头后颌䲢宝宝可能会被爸爸吃掉

宝宝好可爱，爸爸要小心，不能把你们吃掉。

动物界的育儿方式五花八门。在大海，大多数鱼类会**选择在食物丰富、不易被敌人发现的地方产卵**。其中，黄头后颌䲢（héténg）孵化卵的方式尤为特别，你绝对想不到——**它们将卵藏在雄鱼的嘴里！**

雌鱼会直接把卵排在雄鱼的嘴巴里，这样可以保护鱼卵免遭掠食者吞食。孵卵期间，**雄鱼无法进食，还必须定期吐出鱼卵，吸入海水、汲取氧气**，以保持清洁和水分。

但在吞吐过程中，鱼卵可能会溢出。而且一不小心，雄鱼可能会稀里糊涂地把自己的宝宝吞掉。

生物名片

硬骨鱼类

- ■ **中文名**　黄头后颌䲢
- ■ **栖息地**　大西洋西部的浅海区域
- ■ **大小**　全长约10厘米
- ■ **特点**　在海底挖洞穴居，大多数时候只探出脑袋

树懒每周只下树一次，还是因为想要拉便便

屁股沾地，拉便便才安心。

树懒整天待在树上，几乎一动不动。偶尔动一下，速度也堪比超级慢镜头。由于只吃树叶，**获取的能量有限**，它们能省力就省力。

树懒极少下树，**通常每 7 ~ 10 天才因为拉便便不得已下一次地**，拉完就回到树上。在地面，一旦遭遇天敌美洲豹或美洲狮，那可就危险了。**如果不能麻溜地拉完便便，树懒很可能因此搭上小命。**

也许你会好奇：长时间不上厕所，能憋得住吗？不必担心，树懒**一天的进食量仅 8 克左右**，攒够一次㞎㞎（bǎ）挺不容易的。至于它们为什么不选择"空投"，或许这是树懒仅存的一点儿洁癖？

生物名片

哺乳类

- ■ **中文名** 褐喉三趾树懒
- ■ **栖息地** 中美到南美的森林
- ■ **大小** 体长约60厘米
- ■ **特点** 在地面只能用前肢带动身体爬行

乌苏里管鼻蝠喜欢睡在破烂溜丢的被子里

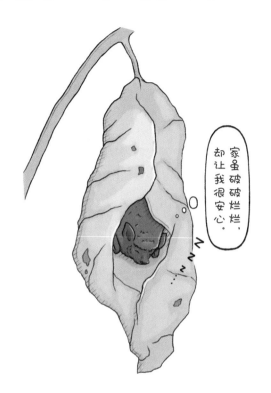

家虽破破烂烂，却让我很安心。

大多数蝙蝠都喜欢聚集在洞穴睡觉，以至于恐怖电影中经常出现这样的一幕：黑黢黢（qū）的山洞里，一双双眼睛射出逼人的寒光，一有人声靠近，蝙蝠就会铺天盖地地俯冲过来。

不过，乌苏里管鼻蝠却很另类，它们**喜欢睡在褶皱累累的枯叶中**。其中一些生活在日本的小家伙，尤其爱把自己包裹在日本厚朴（一种木兰）大大的叶子里。虽然叶子会被卷折得破烂不堪，但乌苏里管鼻蝠还是钟情这里，连睡好久都不换地方。

到了冬天，它们甚至会窝在雪地里冬眠，未免也太随遇而安了。

生物名片

哺乳类

- ■ **中文名** 乌苏里管鼻蝠
- ■ **栖息地** 东亚的森林
- ■ **大小** 体长约5厘米
- ■ **特点** 傍晚会外出捕食昆虫

进化的岔路

1

意外获得「最强武器」的奇虾

大家好，我是奇虾！
我们个头很大，体长接近 2 米。
酷酷的嘴巴看起来是不是很厉害？
我们生活在距今约 5 亿年前，
是当时的海洋巨无霸之一。

不过，我们能站在食物链顶端，
可不仅仅依靠这两者。
凭借各方面的身体优势，
我们和其他动物展开了
殊死卓绝的生存斗争。

好了，接下来我就给大家揭秘
我们克敌制胜的
另一样杀手锏（jiǎn）——

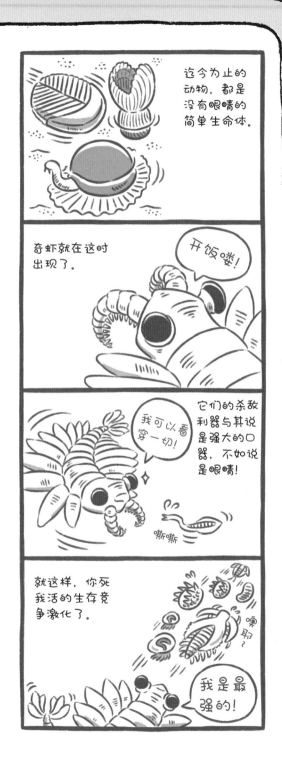

第3章

让人遗憾的

身体

本章介绍了 32 种动植物，
它们的身体都会让你忍不住
心生同情："看起来就很难受啊！"

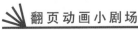

翻页动画小剧场

面对没有果肉的
香蕉圈……

海牛经常放屁

　　海牛长着一对圆溜溜的眼睛，身体胖乎乎的，它们在水中悠闲游泳的样子实在可爱，让人怎么也看不腻。不过很少有人知道，**它们游泳时也在不停地放屁呢！**

　　海牛是一种食草动物，而且食量很大，堪称"海草收割机"。为了消化海草，它们的肠道非常长，其中积聚了大量气体，也就是屁。

　　不过，海牛的屁可不简单。**大量的屁积聚在肠道中，能帮助海牛调节在水中的浮力。**

　　据说，在美国，一些海牛**由于肠道中积聚了太多气体，不得不靠药物来帮助释放**，以保持身体的健康活力。

生物名片

哺乳类

- **中文名** 西印度海牛
- **栖息地** 大西洋西部到加勒比海沿岸

- **大小** 体长约3.3米
- **特点** 冬天会聚集在沿海工厂温暖的排水口

海椰树的种子长得很像人类的屁股

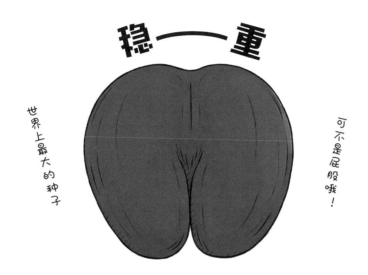

稳——重

世界上最大的种子

可不是屁股哦！

在印度洋岛屿上，生长着一种高大的棕榈（lú）树——海椰树。作为树中巨人，海椰树**持有 5 项世界纪录**：种子重达 17.6 千克，子叶长达 4 米，果实重达 42 千克……然而，**由于种子看起来很像人类的屁股，以至于这些华丽丽的纪录全被掩盖了**，真是让人无奈。

寻常的椰树，种子会随洋流漂移，散布到远方。可是海椰树的种子**实在太重了，无法乘风破浪**。不仅如此，种子从落地生根到结果，需要花费近 30 年的时间。

也正因如此，海椰树的种子非常珍贵。据说，**曾有人用黄金和宝石来精心装饰它**。遗憾的是，人们只记得它那屁股般的外形。

生物名片

单子叶类

- ■ **中文名** 海椰树
- ■ **栖息地** 塞舌尔群岛
- ■ **大小** 树高约30米
- ■ **特点** 雌雄异株，仅雌株结果

海獭全身裹着一层厚皮毛，手掌却冰凉凉的

揉揉脸，卖个萌！

海獭栖息在北太平洋沿岸的冰冷海域。**它们身披一层浓密的细毛，密度可达人类头发的 500 倍**！毛与毛之间积存了大量空气，皮毛上还涂有一层脂肪，滴水不透，能使身体保持温暖。

然而，全身毛发浓密的海獭，**掌心却没有长毛**。据说这是为了方便抓住滑溜溜的贝类和乌贼，如果掌心长毛，猎物很容易滑走。

可是，没有毛的话，手掌会不会感到寒冷呢？海獭时不时地会用手掌贴住双眼或揉揉脸颊，想必在梳理毛发的同时，也能借此取暖吧。这副可爱的模样收获了一致好评，很多同学拍照也会摆出同款姿势，看来这招卖萌大法效果不错哟！

生物名片

哺乳类

- ■**中文名** 海獭
- ■**栖息地** 北太平洋的沿岸海域

- ■**大小** 体长约1.3米
- ■**特点** 会不停地擦拭毛发，以保持清洁和温暖

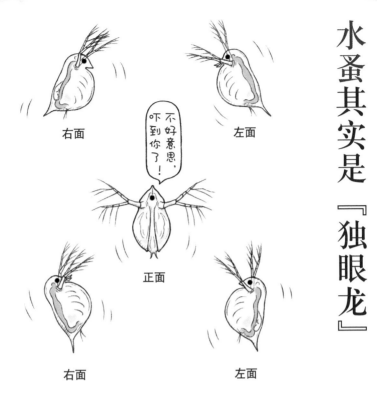

水蚤其实是『独眼龙』

右面　　　左面

不好意思，吓不到你了！

正面

右面　　　左面

在生物书上，我们时常能看到水蚤的身影。照片里的它们**很像胖嘟嘟的透明雏鸟，很是可爱**。不过，这可都是摄影师的功劳。

水蚤其实是"独眼龙"，侧面照呈现的是它们的招牌姿势。如果你从正面看，就会发现**水蚤只有一只眼睛**[1]，**那古怪的模样很像科幻电影中的反派角色**。

另外，科学家发现，日本的水蚤都是由 4 只来自北美的水蚤发展壮大起来的，而且都是孤雌生殖[2]产生的，相当于克隆。因此，**一旦母体爆发疾病，子孙后代会有灭绝的危险**。

[1]由两只复眼愈合而成，可转动，包括几十只小眼。复眼下还有一个小眼点，是幼体的残留。
[2]一种生殖方式，雌性的卵无需受精，直接发育成新个体。

生物名片

甲壳类

■ **中文名**	蚤状溞(sāo)	■ **大小**	体长约2毫米
■ **栖息地**	北半球的河流与湖泊	■ **特点**	身上披着2片卵形壳瓣

剑龙的咬合力有时还比不过老奶奶

剑龙是大家非常熟悉的一种恐龙，背上竖立着两排像宝剑一样的骨板，样子特别酷。然而很少有人知道，剑龙的咬合力很弱，和它们庞大的体形极不相符。

英国自然历史博物馆的学者根据剑龙的骨骼，推算出它们的咬合力为 23.5 ~ 42 千克。而人类女性吃饭时的咬合力约为 40 千克。这样看来，剑龙稍微省点儿力的话，**咬合力可能比老奶奶还弱**。

不过这已经比之前的推算好多了。过去，人们一直以为剑龙只能吃柔软多汁的蕨类植物，而实际上**它们和牛羊的咬合力差不多**，针叶类、苏铁等坚硬的植物也能吃得津津有味。

生物名片

爬行类

- **中文名** 剑龙 (已灭绝)
- **栖息地** 北美、亚欧大陆
- **大小** 全长约9米
- **特点** 背部的骨板可能起到防御和调节体温的功能

看起来比较威猛，
其实是素食主义者。

咯吱

咯吱

甲虫受伤后无法痊愈

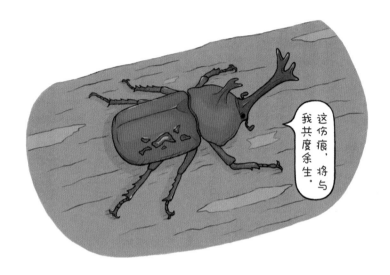

> 这伤痕，将与我共度余生。

　　甲虫是一大类完全变态的昆虫，一生要经历卵→幼虫→蛹→成虫4个阶段的变形成长。进入成虫阶段后，它们的**体细胞便不再分裂增加**，也就是说，**一旦受伤，伤口将无法愈合**。

　　好在它们**有坚硬的外壳来保护柔软的虫体**。这层硬壳其实是体壁**角质化形成的**［连前翅也角质化，形成鞘（qiào）翅］，其中的甲壳质和蛋白质像水泥一样牢牢凝结在一起，**如同防护罩般保护飞翔用的后翅和腹部**。说起来，人类的头发也是由角质化的蛋白细胞构成的呢！

　　寻常的擦伤，被认为是孩子健康活泼的勋章；换作甲虫，则无法淡定地一笑了之。

生物名片

昆虫类

- ■ **中文名** 甲虫
- ■ **栖息地** 广泛分布在世界各地的森林和田地

- ■ **大小** 体长约4厘米（不含角）
- ■ **特点** 雄性会用角战斗，争夺树液和雌性

蝙蝠能倒挂着睡觉，却站不起来

总有一天，我要靠双脚站立起来。

蝙蝠可以轻松地飞翔、倒挂着休息，它们大多数时间都倒挂在树枝上或屋檐下等地方。

这离不开蝙蝠特殊的身体构造：它们的骨骼又细又轻；后脚趾像挂钩一样牢固，腿部有着发达的肌腱，能帮助肌肉有效牵引骨骼。因此，即便一年365天一直倒挂着，蝙蝠也不会觉得累。人们发现，甚至有蝙蝠**死后也依然悬挂着**。

与此相对的是，蝙蝠的的**后脚又短又小**，**又和翼膜连在一起，几乎无法站立**。勉强站立的话，也会变成罗圈腿。一旦下到地面上，蝙蝠只能前肢撑地、匍匐（púfú）前进。

生物名片

哺乳类

- ■ **中文名** 普通伏翼
- ■ **栖息地** 东亚的城市周围和森林
- ■ **大小** 体长约5厘米
- ■ **特点** 前肢只有拇指末端有爪，其余指间都有皮膜相连

旋齿鲨拥有螺旋形的牙齿，但不知道有什么用

与众不同，个性第一。

旋齿鲨是一种古老的鲨鱼，生活在距今 3 亿～2.5 亿年前，而今早已绝迹。人们只发现它们留下的牙齿化石，**并不知道它们确切的样子**。不过可以肯定的是，它们的牙齿形状很奇特。

旋齿鲨的**牙齿从大到小向内卷成螺旋形**，而且能屈能伸。当旋齿卷起来时，很像一种叫作菊石的远古生物，而菊石恰恰是它们喜爱的食物。人们推测，旋齿鲨的牙齿长在下颌骨上，或许能给菊石脱壳，**但其真正作用仍是个谜**。

今天在海洋中，人们再也没有发现长着卷齿的生物。或许可以由此推测，这卷齿也就是看着威风，实则用处不大。

生物名片

软骨鱼类

- ■**中文名** 旋齿鲨（已灭绝）
- ■**栖息地** 广泛分布在海洋中

- ■**大小** 不详，据推测全长约10米
- ■**特点** 可能以鱼类和甲壳类为食

绿叉螠雄虫会被雌虫幽禁在身体里

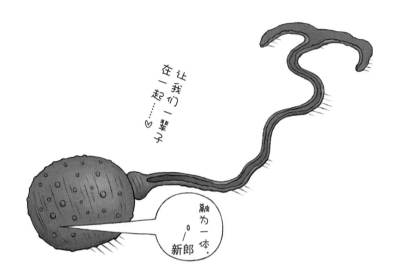

　　绿叉螠（yì）是一种海生蠕虫，圆滚滚的身体**长着超过 1 米长、分叉成"T"字形的吻部**，因此而得名。平常，它们就用这长长的吻，在沙地和石缝间觅食。

　　不过，人们见到的这种大家伙都是雌虫，**雄虫很少能见到**。那它们都到哪儿去了呢？科学家解剖发现，**它们居然寄生在雌虫体内！**

　　绿叉螠起初没有性别之分，幼虫在海中轻悠悠地漂浮，**如果落到海底、附着在岩石上面，就会发育成雌性**；凑巧落到雌性的吻叉上，**就会发育成雄性**。就这么将性别交由命运决定，简直让人目瞪口呆。

　　而一旦变成雄性，就会被雌性吞入肾囊，幽居一生。

生物名片

螠虫类

- ■ 中文名　绿叉螠
- ■ 栖息地　东亚的海域

- ■ 大小　体长不到1厘米（雄虫）
- ■ 特点　寄居在雌虫体内的雄性，身体机能会逐渐退化

水滴鱼一旦被捕捞上岸，就会变成哭丧脸

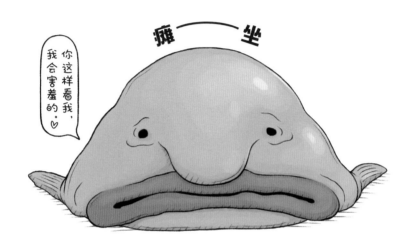

水滴鱼脑袋大、身子小，潜伏在海底时，**很像放大版的蝌蚪**，看起来普普通通。

可一旦被捕捞上岸，它们就会瞬间变身：身体化作软绵绵的一摊，脸上坠着"大鼻子"，咧着厚嘴唇，**活像表情哭丧的大叔**。

水滴鱼没有坚硬的骨骼和鱼鳔（biào），身体也没什么肌肉，而是由果冻般柔韧的凝胶物质构成，这样才能承受深海的水压。可一旦上陆，压强急剧减小，身体缺乏支撑的它们就会被自重压瘪，变成难以名状的一团。

水滴鱼还因此**被评为"世界丑王"**，真不知道该不该替它们高兴。

生物名片

■ 中文名 软隐棘杜父鱼		**■ 大小** 全长约50厘米	
■ 栖息地 太平洋、印度洋、大西洋的深海		**■ 特点** 由于不怎么活动，肌肉含量极低	

硬骨鱼类

骆驼的驼峰有时会塌陷

哎呀，说塌就塌，形象全无！

骆驼有着超乎寻常的耐力，即便在气温超过 50℃ 的沙漠，也可以载着人或物品长途跋涉，因此被誉为"沙漠之舟"。

拥有如此出众的能力，秘密在于骆驼背部的"加油包"——驼峰。**两个驼峰里储存着近 100 千克的脂肪**，能在它们需要的时候转化为能量。因此，即使 1 个月不进食，骆驼也依然能够生存下去。此外，据说这驼峰**还能抵御烈日的炙烤，帮助骆驼调节体温**。

不过，一旦其中储备的脂肪被调用，驼峰就会像忘记浇水的花儿**一样蔫下去**。如果你凑巧见到蔫塌塌的驼峰，请为那只骆驼加油鼓劲吧，那可是辛苦奔波的"劳模"的证明。

生物名片

哺乳类

■ **中文名** 双峰驼
■ **栖息地** 蒙古、中国的草原及沙漠

■ **大小** 体长约2.9米
■ **特点** 长长的睫毛可以阻挡沙尘进入眼睛

雨蛙误食蜜蜂时，会直接把胃吐出来

洗胃对我来说是家常便饭。

雨蛙的视觉和人类大不相同，它们的眼睛只能感知周围移动的小物体，无法看清其细节。因此，雨蛙一般以蝗虫、蜘蛛等为食，**偶尔也会误食蜜蜂**。蜜蜂的尾部有毒针，会对雨蛙的胃造成刺激。

遇到这类误吞异物的情况时，雨蛙通常会**将异物连同胃一起吐出来，**然后用前脚吭哧吭哧地洗胃。

清洗干净后，它们会若无其事地把胃吞回肚子里，继续活蹦乱跳。也许你会认为这种处理方式太拼了，有些小题大做，但雨蛙可不能置之不理，那也许会造成无法承受的后果。

生物名片

两栖类

- **中文名** 东北雨蛙
- **栖息地** 东亚的水田
- **大小** 体长约3.4厘米
- **特点** 雨前会鼓起声囊鸣叫

等指海葵的孩子是由胃变成的

嘴巴也是肛门哦，宝宝从这里出来。

← 宝宝

在海边的礁石上，我们有时会看到一种长着许多触手、形似花朵的红色生物，那很可能是等指海葵。当它们缩回触手时，那副圆秃秃的样子很像日式梅干，看一眼就让人口舌生津。

披着可爱外衣的等指海葵，也有"黑科技"的一面。除了正常的有性生殖，它们**偶尔还会无性繁殖，从口盘里"噗噗噗"地吐出海葵宝宝**，繁衍家族。

长期以来，人们误以为这是等指海葵在用胃孵卵，然而新近研究发现，等指海葵是**用一部分胃细胞来分裂繁殖**的。换作人类的话，那场面想必和胃吐血差不多？

生物名片

珊瑚类

- ■ **中文名** 等指海葵
- ■ **栖息地** 北半球的温带浅海

- ■ **大小** 直径约4厘米
- ■ **特点** 用长有毒丝的触手刺中鱼等猎物，再将其吃掉

日本貂一到夏天就变得不可爱了

是不是有点儿反差萌？

夏天

冬天

日本貂和住在森林里的鼬（yòu）是同类。它们的身体呈闪亮的金黄色，脸庞奶白如雪，再加上一双滴溜溜转动的眼睛，样子可爱极了，以至于人们为它们起了个神秘的昵称——"森林精灵"。

不过，大伙儿眼里的**这副可爱容颜，是"季节限定款"**哦！一到夏天，日本貂就会模样大变：身体变成焦褐色，雪白的小脸也变得黑黝黝（yōu）的。前后反差之大，简直就像刚从夏威夷回来的游客。

不过，日本貂可不是被晒黑的，而是蜕换了新毛。在植被茂盛、无冰无雪的夏季，**深暗的毛色可以更好地融入森林景色**，隐藏自己。

生物名片

哺乳类

- ■**中文名** 日本貂
- ■**栖息地** 日本的森林和山谷
- ■**大小** 体长约45厘米
- ■**特点** 擅长爬树和游泳

霸王龙的胳膊很容易断

饱受病痛折磨，这悲剧的龙生啊！

　　霸王龙堪称是恐龙之王。它们不仅有庞大的身躯，还有**长达8厘米的锋利牙齿，甚至可以咬穿猎物的骨骼**！

　　除此之外，长有巨大钩爪的前肢也是霸王龙的强大武器。研究发现，它们甚至**能在几秒内给敌方造成1米长、数厘米深的巨大伤口**。

　　可让人意外的是，这前肢似乎并不怎么强壮。当霸王龙四肢撑地从地面上站起来时，**前肢很容易因为无法支撑体重而折断**。科学家发现了大量霸王龙上肢骨折的化石证据。由此可见，王者也有不为人知的弱点啊！

生物名片

爬行类

- ■ **中文名** 霸王龙(已灭绝)
- ■ **栖息地** 北美

- ■ **大小** 全长约13米
- ■ **特点** 雌性的体形比雄性更庞大

大象空有一副扇耳，却用脚心听声音

提起大象，人们就会想到它们独特的标志性外表——长长的鼻子和大大的扇耳。然而，在分辨地面震动产生的声音时，这副大大的耳朵几乎派不上用场。那么，大象究竟用什么来听声音呢？答案你绝对想不到，居然是用脚心！

大象会**用脚踩踏地面，发出人耳听不到的次声波**，来和同伴交流。这脚心还能接收这种低频的声音，通过感知地面的震动，大象可以"听"到30～40千米远的地方的动静。

对了，大象的耳朵也不是全然无用，它可以充当蒲扇，给身体散热。

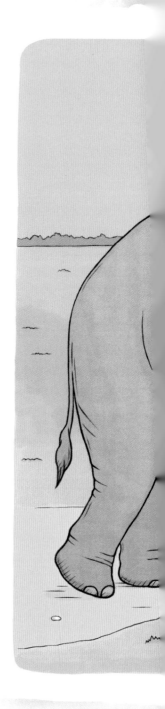

生物名片

哺乳类

- **中文名** 非洲象
- **栖息地** 非洲的草原
- **大小** 体长约6.8米
- **特点** 每天要进食100～300千克

听力的关键！

长鼻猴的大鼻子魅力十足，却很碍事

好怕吃饭吃到鼻孔里。

长鼻猴只生活在东南亚加里曼丹岛，是一种罕见的濒危猴类。更稀罕的是，**雄猴的鼻子会随着年龄越长越大**，变得很像日本传说中天狗的鼻子。

在长鼻猴的社会里，**硕大的鼻子是强大的象征**。鼻子越大，意味着雄猴越是身强体壮，声音低沉、富有魅力，生殖力旺盛，因此**更受雌性欢迎**。

可是，鼻子过大的话，反而会影响日常生活。长鼻猴平常喜欢吃红树的嫩叶，可大鼻子耷拉在嘴巴前，**不得不用一只手拎着它或把它托起来，才方便吃饭**，想想就很无奈。

生物名片

哺乳类

- **中文名** 长鼻猴
- **栖息地** 东南亚加里曼丹岛沿海的森林
- **大小** 体长约75厘米（雄性）
- **特点** 雄性的体重是雌性的2倍

啄木鸟的舌头把脑袋都包住了

舌骨

噫，这样的你们不是吗?!

啄木鸟平常喜欢在枯树或病树上觅食。它们用尖硬有力的喙"喔喔喔"凿开树皮，吃掉藏在树芯，也就是木质部里的虫子，而这离不开长舌头的配合。啄木鸟的**舌尖上长有黏性十足的倒刺**，能够深入树木的开口，遇到猎物一粘一卷，就可以美餐一顿。

问题是，**这么长的舌头口腔里完全塞不下**。啄木鸟的舌骨由肌腱带包裹，从下颚穿出脑后，又向上绕过头骨，最后伸入右鼻孔内固定，只留左鼻孔呼吸。

舌根位于鼻孔中……好不容易捉到的虫子，不会串味了吧?

生物名片

鸟类

■ **中文名** 大斑啄木鸟
■ **栖息地** 亚欧大陆的森林

■ **大小** 全长约22厘米
■ **特点** 能用爪子抓紧树干，身体直上直下攀爬

腕龙看起来庞大无比，体内却空荡荡的

看着笨重，其实很轻盈哦！

　　腕龙是一种食植性恐龙，长着像长颈鹿一样的长脖子。它们体形巨大，**从头顶到地面大约有 16 米高**，相当于 5 层楼的高度。这身高**即便在恐龙中，也处于顶尖水平。**

　　拥有如此庞大的身躯，骨骼一定很强壮吧？可实际上，腕龙体内大部分骨头都是中空的，并不坚实。比如，**它们的头骨和椎骨布满了孔洞，重量还不到实心骨的一半。**

　　不仅如此，由于脖子太长，为帮助肺部换气，腕龙的体腔内充满了气囊。这让人不禁遐想：如果体重再轻一些，腕龙走起路来会不会有飘移的感觉？

生物名片

爬行类

- ■**中文名** 腕龙（已灭绝）
- ■**栖息地** 美洲、非洲

- ■**大小** 全长约25米
- ■**特点** 采食树木高处的叶子

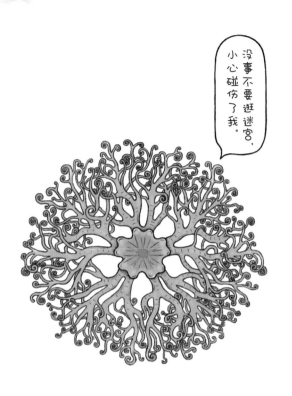

蔓蛇尾的腕分叉太多，以至于变成混乱一团

没事不要逛迷宫，小心碰伤了我。

蔓蛇尾看上去很像海藻或者蔓生植物，可它们却**是实实在在的棘皮动物**。5 根主蔓（腕足）多次分叉，最后变成一盘弯弯曲曲的枝蔓，**很像翻过来的西蓝花**。

蔓蛇尾长成如此混乱的形状，是为了**捕食沉落在周围海底的鱼类残骸和浮游动物**。如网眼般细密的触手一伸一缩，就能截取尽可能多的猎物。

如果周围没有食物掉落，蔓蛇尾就会款款移步、**更换猎场**，真让人担心它们会被自己的腕足缠住脚步。

生物名片

海星类

- **中文名** 锥疣星蔓蛇尾
- **栖息地** 广泛分布在深海中
- **大小** 直径约70厘米
- **特点** 腕足很脆弱，受到拉扯很容易断

长齿中喙鲸牙齿太长，导致嘴巴张不开

长齿中喙鲸生活在南半球的海洋中，是一种罕见的稀有鲸，看起来很像海豚，只是体形更大，体长约有 6 米。其实，海豚也是鲸类大家庭的一员，不过在分类上，人们**通常把体长小于 4 米的归为海豚，超过 4 米的则称之为鲸**。当然，也有一些特例和其他分类依据。

细细观察长齿中喙鲸，你会发现，雄鲸的牙齿非常奇特。长达 30 厘米的**牙齿从下颚一直长到上颚之上，像栅栏一样牢牢地封锁住嘴巴**。这样一来，嘴巴张不开，只能像吸尘器一样吸食乌贼之类的猎物。如果遇到体形较大的乌贼，雄鲸就只能望"食"兴叹了。

生物名片

哺乳类

- ■**中文名** 长齿中喙鲸
- ■**栖息地** 南半球的寒冷海域

- ■**大小** 体长约6米
- ■**特点** 死后体表白色的部位会变黄

太平鸟的屁股上经常挂着大便『吊坠』

太平鸟是一种候鸟，冬天会从寒冷的亚洲东北部迁徙到日本越冬。它们以果实和昆虫为食，**尤其爱吃槲（hú）寄生的果实**。

槲寄生的果实小小的，又甜又黏，而且黏液含量非常丰富，以至于太平鸟吃下后，**排出的便便都是黏糊糊的，如黄色项链一般垂挂在屁股后面**。

作为一种寄生植物，槲寄生要依附大树生长。太平鸟排出的**粪便中含有未消化的槲寄生种子**，它们会粘附在枝杈上，历经 3 ~ 5 年的风雨洗礼，萌发新芽。如此看来，这也是槲寄生的一种繁殖策略。

生物名片 ━━━━━

鸟类

■**中文名** 小太平鸟
■**栖息地** 亚洲东北部的森林

■**大小** 全长约16厘米
■**特点** 尾尖呈红色(尾尖呈黄色的为大太平鸟)

甜虾长到一定年龄会变性

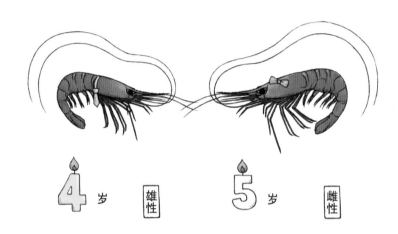

甜虾作为寿司和刺身食材为人们所熟知，常见的有两种——北国赤虾和北方长额虾（也叫北极虾）。因其口感黏软、味道鲜甜，备受食客欢迎。日本人尤其爱吃甜虾，人均食用量位居世界前列。

不过，爱吃甜虾的你或许并不知道，在甜虾 10 年左右的一生中，**前半生为雄性**，**后半生则为雌性**。它们在 4 岁前作为雄性生活，5 ~ 6 岁时会变成雌性，以便产卵繁衍。更厉害的是，它们还会**根据群体中的雌雄比，调整变性的时间**。

这样一来，在甜虾的世界里，女孩子普遍比男孩子年纪大，如果有男孩子喜欢年纪小的女孩子，那可就郁闷了。

生物名片

甲壳类

- **中文名** 北国赤虾
- **栖息地** 日本海、白令海到太平洋东部海域
- **大小** 体长约15厘米
- **特点** 外壳柔软，活体即为红色

奇异多指节蟾越长越小

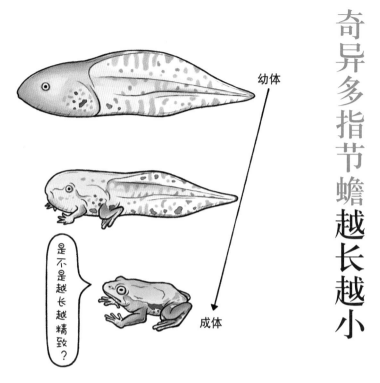

幼体

成体

是不是越长越精致？

奇异多指节蟾也叫"萎缩蛙"，正如其名，它们的成长方式与人类截然相反——越长越小。

从卵中孵化出来后，奇异多指节蟾**会迅速长成巨型蝌蚪**，最大的体长甚至超过25厘米，**几乎和成年人的脚掌差不多大。但之后，蝌蚪会走向萎缩**：尾巴渐渐缩小，直至消失；最后，长出四肢的成蛙体长只有5～6厘米。人们推测，在同类相食的蝌蚪界，越强壮的存活率越高；而在凶险的雨林，小个子更有利于隐蔽，低调过活。

不过，奇异多指节蟾从孩提时代令人惊艳的蝌蚪，沦为随处可见的普通青蛙，未免让人有些遗憾。

生物名片

两栖类

- **中文名** 奇异多指节蟾
- **栖息地** 南美中部的河流与沼泽
- **大小** 体长约5.5厘米（成体）
- **特点** 雨天会迅速赶往池塘或河流产卵

涡虫拥有超强的再生能力，遇到温水却会融化

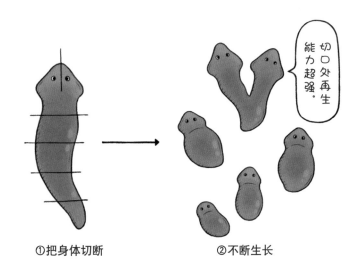

①把身体切断　　　　　　　②不断生长

涡虫拥有不可思议的再生能力，**被认为是不死之身**。即使身体被大卸八段，它们也不会死掉，而是每一段都长成一条新的涡虫。

如此强大的涡虫，也有自己的弱点——它们会因水温升高而变弱。在 10℃ ~ 20℃ 水温中，涡虫精神抖擞；当水温超过 25℃ 时，它们会瞬间变弱。**一旦水温超过 30℃，涡虫的身体就会融化**。因此，同学们千万不能用手指去拿捏涡虫，人体的高温对它们可是致命的。

另外，在涡虫刚结束进食的时候，也不能切断它们，因为**断体内流出的消化液，会把它们自身融化掉**。

生物名片

涡虫类

- ■ **中文名** 三角涡虫
- ■ **栖息地** 亚洲、欧洲的河流与池塘
- ■ **大小** 体长约2.8厘米
- ■ **特点** 嘴巴长在腹部旁边

大蚁蛛长得太像蚂蚁，以至于遭到其他蜘蛛袭击

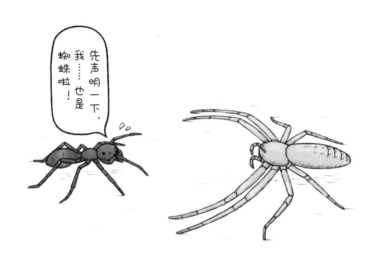

大蚁蛛形似蚂蚁。它们有 8 条腿，最前面的 2 条拟态①成触角，**看上去很像 6 条腿的蚂蚁**，这样可以混入蚁群，偷偷猎食、躲避攻击。

不过，由于长得太像蚂蚁了，大蚁蛛**也会遭到其他以蚂蚁为食的蜘蛛的袭击**。这些蜘蛛经常将目标锁定在衔着猎物的蚂蚁上，而螯牙较大的雄性大蚁蛛，**很像正在搬运猎物的蚂蚁**。

无奈之下，大蚁蛛会拼命活动那 2 条形似触角的腿，告诉对方：大家都是朋友啦！

①生物通过模拟其他动植物的形态、行为或环境，来迷惑敌人、获得好处的现象。

生物名片

螯肢类

■**中文名** 大蚁蛛		■**大小** 体长约1厘米
■**栖息地** 东亚至东南亚的森林		■**特点** 喜欢隐蔽在叶子背面,结网为家

腔棘鱼的脊索里黏糊糊的

传说中的『活化石』就是本尊。

这里

长期以来，人们一直以为腔棘鱼早已灭绝，直到 1938 年，活体腔棘鱼的发现轰动了世界。**历经 3.5 亿年，腔棘鱼的样子却没怎么变化。**和今天的其他鱼类相比，它们保留着许多古老的特征。

其中最显著的是，腔棘鱼**没有真正的脊柱**。腔棘鱼的背部没有脊柱，而是**由类似软管、有弹性的脊索贯穿**，其中满是油一般的液体。

黏稠的液体支撑力自然比不上坚硬的骨骼，因此，腔棘鱼很难维持身体的姿势，**只能靠 8 个肉鳍（qí）遨游、行进**，好像在跳舞似的。

生物名片

硬骨鱼类

- **中文名** 腔棘鱼
- **栖息地** 非洲东南部及印度尼西亚的深海
- **大小** 全长约1.8米
- **特点** 通常倒立着漂浮在水中，捕食周围的鱼

84

盲鳗的身体很容易缠绕打结

盲鳗遭遇敌袭时，会分泌黏液来保护自己，因此也叫"鼻涕鳗"。它们甚至**能在 1 秒钟内分泌多达 1 升的黏液**。这些黏液遇水后会膨胀成大坨的胶状物，**能阻碍捕食者的行动，自己则趁机逃跑**。

黏液一旦进入口或鳃，会导致呼吸困难。因此，盲鳗**也会利用它使敌人窒息而死**。

不过，有时一不留神分泌过多，反倒会妨碍自己。这时，盲鳗就会把身体打一个反手结，利用这种动作来剪切破坏黏液的胶冻状结构，使其黏性降低，从而得以摆脱。

万一黏液糊住了自己的鼻孔，盲鳗则会通过打喷嚏将其排出。

生物名片

- **中文名**　盲鳗
- **栖息地**　三大洋的温暖海域

圆口类

- **大小**　全长约60厘米
- **特点**　没有颌骨，眼睛退化

印加燕鸥脸上的装饰性羽毛很像老人的胡须

人家还是个孩子！

印加燕鸥是海鸥的同类，它们在海岸的岩石地带筑巢而居，以捕鱼为生。

这样看好像和普通海鸟没什么区别，但印加燕鸥拥有独一无二的装饰羽毛——**眼睛下面有两条细长弯曲、如丝巾般飘逸的白色羽带**，一直延伸到嘴边，怎么看都像是两撇潇洒帅气的小胡子。

在人类的世界里，留着这样胡须的，大多都是艺术家、大文豪，或者是电视剧里武功盖世的一代宗师。

而在印加燕鸥的世界里，只要年满2岁，就会长出这样的胡须。男孩子也就罢了，让人无奈的是，**女孩子也有呢!**

生物名片 ———

鸟类

- ■ **中文名** 印加燕鸥
- ■ **栖息地** 南美太平洋沿岸的沙滩
- ■ **大小** 全长约40厘米
- ■ **特点** 在岩缝的平坦处筑巢，也会占用其他海鸟的旧巢

遗憾度：◆◆◆◆◆◆◆◆◇

珊瑚会褪成白色，而这意味着死亡

生命走向苍白……

提起珊瑚，想必大家印象中大多是红色、粉色之类的彩色珊瑚，其实，珊瑚也会褪成白色。让人悲伤的是，**白色珊瑚形如枯骨，正处于濒死状态。**

珊瑚**呈现绚丽的色彩，得益于体内栖息的共生藻。**珊瑚原本为白色，是共生藻为它们点缀上颜色，并为它们提供生存所需的养分，清理代谢产生的废料。可一旦水温升高，共生藻就会进入抑制状态甚至死去，被珊瑚排出体外。随后，**失去营养来源的珊瑚会渐渐白化。**

褪为白色的珊瑚奄奄（yǎn）一息，如果环境不能迅速恢复，共生藻迟迟不能再生，它们将会走向死亡的命运。

生物名片

珊瑚虫类

- ■ **中文名** 萼形柱珊瑚
- ■ **栖息地** 广泛分布在温暖海域
- ■ **大小** 枝粗约2厘米
- ■ **特点** 用触手捕食周围的浮游生物

87

蜘蛛一喝咖啡就会变得醉醺醺的

人类喜欢喝咖啡，因为它可以提神醒脑。与人类恰恰相反，有些动物喝了咖啡，反而会酩酊大醉，小悦目金蛛就是这样。

咖啡能提神，是因为其中含有一种叫作"咖啡因"的物质。对人类而言，适量的咖啡因可以祛除疲劳。但对于小悦目金蛛等蜘蛛来说，这却是**麻痹神经的毒药**，而且毒性极强，**仅需1滴咖啡，就能让蜘蛛陷入虚软无力的状态**。

有人做过实验，让喝了咖啡的蜘蛛吐丝结巢，结果织出来的网看上去如同醉汉的头发一般，乱糟糟的让人难受。

生物名片

螯肢类

- **中文名** 小悦目金蛛
- **栖息地** 东亚的森林
- **大小** 体长约6毫米（雄性）
- **特点** 会在近圆形的蛛网中央织造出巨大的"X"形

草履虫泡在酒里会变秃

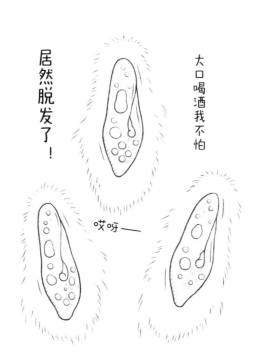

居然脱发了！

哎呀——

大口喝酒我不怕

　　草履虫因其形似草鞋而得名。掬一捧池塘里的水，很容易就能捞起它们。不过，草履虫个头太小，且动作极快，即便是放到显微镜下观察，肉眼也很难捕捉到它们的身影。

　　对此，研究者早就想出了妙招——只要加些酒，草履虫就无所遁形啦。它们**小小的身体上长满了纤毛，大约有 3500 根！**平常活动全靠这些毛，可一沾上酒，毛就会迅速脱落。对草履虫来说，酒是毒药，脱毛可以减少身体接触和吸收酒的面积，从而保护自己。

　　放回水中后，草履虫会再次长出新毛，真是让脱发的人羡慕啊！

生物名片

寡膜类

■ **中文名** 草履虫
■ **栖息地** 流动性不大的河沼、水田

■ **大小** 全长约0.2毫米
■ **特点** 典型的单细胞动物，耐污性很强

第**4**章

让人遗憾的

生活方式

本章介绍了 32 种生物，

它们的生活方式会让你难以接受，

甚至想要当面问上一句：

"你有什么想不开的吗？"

翻页动画小剧场

正在享用美食，

小家伙淘气起来……

巨獭家族会浑身乱抹大便

巨獭的家庭关系非常和睦。它们时常在水边揉和泥土，涂抹在身体上，一起嬉戏打闹，简直就是理想中家庭的样子。

不过，这可不是单纯的玩泥巴游戏。游戏前，巨獭会**先在泥巴里投放大小便，然后将其涂抹在身体上**。换句话说，巨獭家族个个都浑身沾满大小便。据说，这样有利于**散播粪便的气味，宣告领地**。

这招确实很管用——哪怕巨獭家族住在风水宝地，邻居如果得知那里的居民满身大便，**想必也坚决不想靠近吧**。

生物名片 ——————

哺乳类

- **中文名** 巨獭
- **栖息地** 南美的水边

- **大小** 体长约1.2米
- **特点** 有时会捕食天敌鳄鱼的幼崽

92

雄性红腹角雉求婚时，会可劲儿地追着雌性跑

追啊追

等等我

跑啊跑

红腹角雉（zhì）栖息在山地林间，是日本国鸟——绿雉的同类。雄性红腹角雉身披橙红色的艳丽羽毛，十分华美。

处于求偶期的雄性红腹角雉，会摇身变得更加华丽：**平时藏而不露的肉质角，会像蜗牛的触角一样从头顶冒出来**，高高耸立；同时，**蓝色的脸颊也会垂下围兜般的肉裙**。

这副靓仔的装扮，往往能成功吸引雌性的注意。偶尔效果不佳的话，雄性便会发挥锲而不舍的精神，**垂着颤巍巍的肉裙，全力追着雌性跑。而雌性则会慌乱地闪躲**，那场面真是好不热闹。

生物名片

鸟类

■ 中文名	红腹角雉	■ 大小	全长约60厘米
■ 栖息地	中国西南部到越南北部的山地	■ 特点	用枯枝落叶在树上筑巢，并铺上羽毛产卵

93

黑猩猩会用挠痒痒的方式逗自己笑

　　笑，并非人类独有的表情，黑猩猩在追打嬉戏、被母亲举高高时，也会露出笑容。

　　仅仅这些，还不能满足爱笑的黑猩猩，它们**会想方设法地逗自己笑**，**尤其爱用挠痒痒这一招**。黑猩猩经常将手指伸到腋下或脚掌心，一边挠痒，一边露出开心的笑容。有时候，它们**还会用身体去蹭石头等凹凸不平的物体来搔痒**，逗自己发笑。

　　在人类世界，看到有人自己逗自己笑，大家可能会觉得莫名其妙。而换作黑猩猩的话，大家想必会被它们绽放的笑容感染，跟着一起笑出来吧。

嘿嘿
哈哈
嘻嘻

生物名片

哺乳类

■**中文名**　黑猩猩
■**栖息地**　非洲的热带雨林
■**大小**　体长约85厘米
■**特点**　智商高,掌握多种技能

笑一笑，
十年少。

貘被扫把刷刷身体就会舒服地睡着

提起貘（mò），人们就会想到传说中的食梦神兽，不过，现实中的貘是一种身材矮胖的动物，它们安静又温顺，不仅仅是看起来而已。

用扫地刷轻揉貘的腰，它们会像狗狗那样坐下来。用力揉搓后背，它们就会露出一副享受的表情，懒洋洋地趴下，**然后不知不觉陷入睡眠。**

刷子能将貘带入梦境的原因，我们不得而知，大约和按摩放松是同样的道理。动物园常会利用貘的这一习性，**趁它们睡着时，给它们滴眼药水或者打针，**以保持其身体健康。

生物名片

哺乳类

- ■ **中文名** 亚洲貘
- ■ **栖息地** 东南亚的森林和水边
- ■ **大小** 体长约2.3米
- ■ **特点** 有时会藏身于水中，只露出鼻子呼吸

马可罗尼企鹅会抛弃产下的第一枚蛋

松手�……

在企鹅界，马可罗尼企鹅是数量最庞大的一族，它们会**几十万只聚在一起，集结成大部落，一起产卵**。

一个繁育期内，雌性马可罗尼企鹅会先后产下两枚卵，第一枚总是比第二枚小。让人难以接受的是，它们会**放弃孵化第一枚，直接将其踢出巢外**。

马可罗尼企鹅这么做的原因，目前还不太清楚。一种有力的解释是，在环境恶劣的南极周围，马可罗尼企鹅夫妇无法同时养育两只雏鸟，于是优先考虑两枚卵中较大的一枚，以提高雏鸟的存活率。**第一枚卵只是作为保险措施，以防没有产下第二枚卵。**

生物名片

鸟类

- ■**中文名** 马可罗尼企鹅
- ■**栖息地** 南极及周围的岛屿
- ■**大小** 全长约70厘米
- ■**特点** 额前扬起两簇金色的长眉

大熊猫为了吃竹子，要承受便秘的痛苦

身心俱疲……

大熊猫作为食肉动物熊的同类，却偏偏以竹叶为食。每隔几个星期，它们就会**排出一次颜色发白的便便——黏膜便**。

这层白色物质是脱落的的肠黏膜。"黏膜便"听起来就很痛，实际上也的确如此，为排出这坨便便，大熊猫要**精疲力竭地蹲上好半天**。

之所以会排出黏膜便，一种说法是，大熊猫在改吃素的过程中，为防止被尖硬的竹子伤害，进化出了黏液腺，以分泌黏液润滑肠道，帮助竹渣形成粪团。而人工喂养的大熊猫饲料精细，**多余的黏液必须定期排出，这也会造成肠黏膜的损伤脱落**，最终排出黏膜便。如此看来，大熊猫忍痛改吃竹子，想必也是生活所迫啊！

生物名片

哺乳类

- ■ **中文名** 大熊猫
- ■ **栖息地** 中国西南部的山地

- ■ **大小** 体长约1.2米
- ■ **特点** 野生大熊猫不仅吃竹子,也吃昆虫、老鼠等小动物

红火蚁遇袭时，只有老年人应战

红火蚁是一种原分布于南美洲的有毒蚂蚁。人如果被它们的毒针刺中，皮肤会感到灼烧般的疼痛，甚至起水泡。

红火蚁性情凶暴，一旦遭遇袭击，蚁群中的工蚁①就会倾巢而出，一齐发动攻击。**工蚁皆为雌蚁**，并且上阵的都是上了年纪的老一**辈**，相当于人类中的老奶奶。

年轻的工蚁并不战斗，而是迅速撤离，**只留下老一辈尸横遍野**。

老年人拼死一战，把生的机会留给年轻人——红火蚁似乎在用这样的方式来延续种族。

①没有生殖能力的雌蚁，在蚁群中数量最多，承担筑巢、觅食、守卫、饲育、清洁等功能。

生物名片

昆虫类

■ **中文名** 红火蚁
■ **栖息地** 南美的草原

■ **大小** 体长约4毫米
■ **特点** 筑巢而居,蚁冢(zhǒng)高达30厘米，直径约60厘米

荻经常被误以为是芒，充当赏月时的装饰

与你一道

共赏月色的

是我，荻

芒是秋季的风物诗①。每到中秋佳节，日本人就会制作一种叫作"月见团子"的点心享用。圆嘟嘟的可爱点心，配上白茸茸、随风摇曳的芒草，让人赏心悦目。然而，此时摆在桌上的植物，或许心中正在疯狂呐喊："我们是荻（dí）！"

原来，**荻和芒同属禾本科植物**，**长相相似**，很容易被认错，但仔细观察就会发现：芒的花穗成束生长，形如扫帚；荻的花穗则根根分明，又长又白，更像拂尘。

深究的话，**芒原本也是作为稻穗的替代品来烘托赏月气氛的**。

①与诗无关，日语中指的是季节特有的事物，包括节庆祭典、衣食器物、自然景观等。

生物名片

单子叶类

- ■中文名 荻
- ■栖息地 中国、日本、朝鲜的湿地
- ■大小 高约1.7米
- ■特点 即使被洪水冲垮，有根也能复活

雌性刺豚鼠沾上雄鼠的尿液，就会喜欢上对方

动物界的告白方法五花八门，其中雄刺豚鼠表达爱意的方式尤为另类，它们**通过朝心仪的雌鼠撒尿来表白**。

原来，雄刺豚鼠的**尿液中含有一种信息素**，雌鼠捕捉到后，慢慢就会被俘获芳心。因此，为吸引雌鼠的注意，雄鼠会特意朝对方身上撒尿。

雌鼠沾了尿液，起初会受到惊吓而躲开，但随着对方缓缓靠近，**雌鼠渐渐适应了这种气味，便不再害怕**。两鼠的距离越来越近，最后不知不觉坠入爱河。

生物名片

哺乳类

- ■**中文名** 刺豚鼠
- ■**栖息地** 中美到南美的热带雨林
- ■**大小** 体长约52厘米
- ■**特点** 领地广阔，用叫声来威慑敌人

雄娇鹟为博得异性青睐，要拜师苦练10年舞蹈

跳舞求爱，在鸟类中并不罕见，不过雄娇鹟（wēng）展示舞姿的方式有些奇特。求偶时，两只雄鸟会在树枝上并排而立，同时在雌鸟面前跳舞。

而这两只雄鸟，其实是师徒关系。徒弟使出浑身解数，激情满满地又唱又跳，**可最终和雌鸟牵手成功的，往往却是师父。**

为磨炼舞技，雄娇鹟入门成为弟子就需要8年，还要再苦练2年才能熬成师父。这种森严的等级关系，比古人拜师学艺还难。

而没有师父的年轻雄鸟，似乎只能旁观其他师父练舞，默默偷师。

生物名片

鸟类

- **中文名** 长尾娇鹟
- **栖息地** 中美的热带雨林
- **大小** 全长约10厘米
- **特点** 鸟类中算长寿，寿命可达15年

长颈鹿长期缺觉

难得躺下来睡个好觉。

长颈鹿的身材又高又大，胆子却非常小。它们对周围环境时刻保持警觉，以至于**每次睡觉时深度睡眠只能维持 10 分钟左右**。它们每天只睡 1 ～ 2 次，也就是说，**熟睡的时间最多只有 20 分钟**。

长期缺觉，长颈鹿实在是有不得已的苦衷。它们以树叶为主食，从中获取的能量很少，为此不得不**挤出睡眠时间持续进食**，否则无法**支撑庞大躯体的运转**。加上时常有猛兽偷袭，保持警惕十分必要。

绝大多数时候，长颈鹿都是站着睡觉，**很少能将头枕在背上，安心熟睡一回**。这不免让人担心，它们会不会熬坏了身体。

生物名片

哺乳类

- ■ **中文名** 长颈鹿
- ■ **栖息地** 非洲的草原

- ■ **大小** 体长约4.3米
- ■ **特点** 脖子虽长，但颈椎和人类一样由7块骨骼构成

眼虫一到昏暗的地方，就会慌张起来

眼虫也叫"裸藻"，是一种不可思议的生物，它们**既能像植物一样利用阳光制造养分，又能运用鞭毛，像动物一样移动**。除此之外，眼虫还有一个有趣的特点，那就是它们一旦进入昏暗的环境，就会惊慌失措。

处在明亮的地方时，眼虫会笔直前进。而到了昏暗的地方，它们就会犹疑不前，或者乱走一气，四处寻找光亮，**像胆小的孩子进入恐怖屋似的**。

说不定此时的眼虫还以为自己被谁吃掉了，正在人家的肚子里呢！

生物名片

裸藻类

- ■**中文名** 眼虫
- ■**栖息地** 湖泊、河流、水田等淡水中

- ■**大小** 体长约0.06毫米
- ■**特点** 运用鞭毛来活动

聊狐被迫成为宅家族

今天干点儿什么好呢？

聊（guō）狐是狐狸的同类，生活在非洲的沙漠地区。这里酷热难耐，夏季白天的气温甚至超过50℃。它们**用张开的大耳朵不停地散热，给身体降温**；脚掌覆盖着细长的毛，便于在滚烫的沙子上行走。

即便"装备"强大，酷暑天依然是聊狐的劲敌。为此，它们**白天一直窝在巢穴中**。好不容易等到傍晚，终于凉快起来了，可气温骤降到接近0℃，让人瑟瑟发抖。这样一来，它们**外出自由活动的时间，只能是少之又少**。

宅在巢穴里的聊狐，没有游戏也没有漫画，想必每天都在惆怅该怎么打发时间吧？

生物名片

哺乳类

■ **中文名** 聊狐
■ **栖息地** 北非的沙漠

■ **大小** 体长约33厘米
■ **特点** 以家族为单位生活，成员约10只

水豚到哪儿都会
被食肉动物盯上

水豚是动物界的治愈系代表，英文名"Capybara"来自南美当地的原住民语言，意思是"**草原的支配者**"，听起来霸气十足。

可实际上，生活在草原的野生水豚，日子过得很够呛。它们平常栖息在水边，一旦发觉周围有美洲豹或美洲狮虎视眈眈（dān），就会立刻跳水逃跑。好在水豚**很擅长游泳，潜水时长可达 5 分钟**。

不过，待在水里也并不稳妥，遭遇眼镜凯门鳄之类的强敌时，一样在劫难逃。就算插翅飞到天上，也有安第斯神鹫在等着它们。

整天东躲西藏的，更谈不上支配草原，难怪有人认为，水豚的名字叫"食草者"或许更为准确。

生物名片

哺乳类

- ■ **中文名** 水豚
- ■ **栖息地** 南美的草原

- ■ **大小** 体长约1.2米
- ■ **特点** 最大的啮齿动物，和老鼠同类，
  不筑穴，在现成的浅窝内休息

柯氏潜铠虾的胸毛
是活力之源

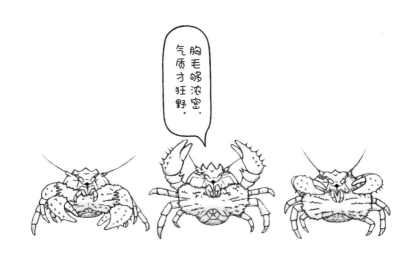

胸毛够浓密，气质才狂野。

　　柯氏潜铠虾长得很像螃蟹，它们拥有一副纯白如瓷的躯壳，可胸部却长满了毛。这种优雅混搭狂野的风格，换作人类的话，可能会觉得不太协调。不过对柯氏潜铠虾来说，**这胸毛自有妙用——里面藏着许多小小的共生菌。**

　　柯氏潜铠虾栖息在海底热泉的喷发口附近。热泉带来丰富的化学物质，吸引大量的共生菌生长。它们汲取养分，在胸毛里不断繁殖。

　　这为柯氏潜铠虾提供了现成的食物。它们**用钳子刮开胸毛，像吃点心一样大快朵颐。**如此看来，柯氏潜铠虾在食物稀缺的深海，也能过上滋润的生活，还要感谢胸毛的恩赐呢！

生物名片

甲壳类

- ■ **中文名** 柯氏潜铠虾
- ■ **栖息地** 广泛分布在海底热泉、冷泉的喷发区
- ■ **大小** 壳宽约5厘米
- ■ **特点** 由于长期生活在阳光无法抵达的深海，眼睛退化

107

1000颗橡子中，只有6颗可以平安长成橡树

秋天树林里掉落的橡子，总是让人很想捡起它。橡子并非专指某一种树的果实，栎（lì）树、枹（bāo）树、槲树等**壳斗科树木统称为橡树**，它们的果实都叫橡子。

秋风扫过，大量的橡子掉落到地面上；春风一来，这些橡子齐齐萌发新芽，长成新的橡树——现实并非如此。

据统计，**橡子从果实长成大树的几率只有0.6%**，也就是说，1000颗橡子中，只有6颗可以成活。不难想象，每一个秋日与冬夜，都有无数颗橡子在和以橡子为食的昆虫等小动物斗争着。

生物名片

双子叶类

- ■ **中文名** 小叶青冈（橡树中的一种）
- ■ **栖息地** 中国、日本、越南、老挝（wō）
- ■ **大小** 树高约20米
- ■ **特点** 山谷中自生，也用作公园景观树或行道树

僧帽水母在海上漂流，把目的地交给风

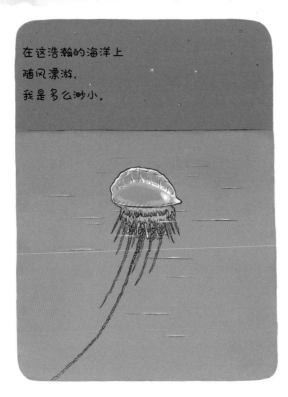

在这浩瀚的海洋上
随风漂游，
我是多么渺小。

僧帽水母是一种管水母，因其形似僧侣的帽子而得名。

我们看到的一只僧帽水母，真身是一群水螅（xī）的集合体。这些水螅聚在一起，构成触手和身体，和浮囊共同组成一个完整体。

这简直就像是合体机器人，实在太酷了！可遗憾的是，僧帽水母**不会游泳**，只能依靠探出水面的浮囊，随着风和水流漂移。

好不容易合体了，僧帽水母**怎么就没安排个游泳领队呢?** 任由蓝紫色的透明身体漂浮在海面上，**远远看去，很像是塑料垃圾**。

生物名片

水母类

- **中文名** 僧帽水母
- **栖息地** 三大洋的热带海域
- **大小** 全长约3米
- **特点** 触手很多，功用各不相同

109

蹄兔非要在悬崖上厕所，哪怕是冒着生命危险

　　蹄兔外表既像鼠又像兔，让人不可思议的是，它们却**是大象的亲戚**。让人震惊的不只这一点，蹄兔还有一个奇怪的癖好，那就是**一定要跑到高得让人晕眩的岩山悬崖边大便**。

　　蹄兔群居在岩石地带，它们的**脚底长有弹性十足的肉垫**，上面有丰富的腺体，能分泌液体，**保持掌垫湿润**，起到类似吸盘的作用。因此，它们**能够牢牢地抓住光滑的岩石**，哪怕身处悬崖峭壁，也不必担心安全问题。

　　可即便如此，也不至于非要在拉便便的时候追求惊险刺激吧？难不成是为了躲避天敌？答案还有待科学家们进一步研究。

生物名片

哺乳类

- ■ **中文名** 黄斑蹄兔
- ■ **栖息地** 东非的岩山

- ■ **大小** 体长约40厘米
- ■ **特点** 体温调节能力弱，早晨会晒日光浴来恢复体温

110

金鱼如果不精心照顾，就会褪回鲫鱼的模样

 美丽离不开您的精心呵护

金鱼作为一种观赏鱼，在世界范围内广受喜爱。它们身姿婀娜，在水中轻灵摇曳，而这其实**是人类花费 1700 年的时间改良出来的。**

金鱼是由鲫鱼演化而来的。古人偶然发现了色彩绚丽、形态美观的野生鲫鱼，于是精心饲养、代代繁殖，最终培育出今天的金鱼。

然而，金鱼作为鲫鱼的彩色变种，它们的美丽并非永久性的。如果**不按照特定的方法精心照顾，**它们会退化为接近鲫鱼的模样。

看来，即便是投入大量的时间和金钱，要使金鱼永葆美丽，也不容易啊。

生物名片

硬骨鱼类
- ■中文名　金鱼
- ■栖息地　被作为观赏鱼广泛饲养

- ■大小　全长约5厘米
- ■特点　品种丰富,典型的有眼球凸出的龙眼金鱼等

雌性中华豆蟹会钻入贝壳中，一辈子也不出来

我的白马王子会来接我的。

喝蛤蜊（gélí）汤时，我们有时会**在贝壳里发现小小的螃蟹**，这种小螃蟹很可能是雌性中华豆蟹，也许你会以为它们是被吞了，其实它们只是**寄居在贝壳中**。

雌性中华豆蟹刚从卵中孵化出来，就会一头钻进花蛤、文蛤之类的贝壳中，然后一心一意守候雄蟹的到来。等夏天如约而至，雄蟹在贝壳里像捡到宝贝一样邂逅雌蟹，两只螃蟹就会**把贝壳当作新房，在里面完成交配**。

雌蟹守在贝壳里固然很安全，可它们**一辈子不出闺房**，对外面广阔的世界一无所知，未免有些可怜。

生物名片

甲壳类

- **中文名** 中华豆蟹
- **栖息地** 中国北部、日本及韩国沿海
- **大小** 蟹壳宽约1厘米
- **特点** 雌蟹以蛤蜊吃剩的浮游生物为食

班克木遇到山火才能发芽

每到花期，班克木就会开出形似杯刷的棒状花穗（花序），模样很是奇特。更奇特的是，班克木的繁衍离不开山火的帮助。

班克木的果实十分坚硬，连动物也咬不开。不过一旦遇火加热，就会炸裂开来，里面的种子飞射而出。**这种子还必须用火加热才能发芽，对火的需求近乎偏执。**

据说，班克木长成这样的构造，更有利于生存。因为**山火会烧死其他绝大多数植物**，为它们的生长腾出空间。

或许你会佩服它们："这招很高明啊！"可实际上，**约有一半的班克木也会被烧死在山火中。**

生物名片

双子叶类

- **中文名** 欧石南班克木
- **栖息地** 澳大利亚的干旱森林
- **大小** 树高约6米
- **特点** 刷子形花序由许多小花聚集而成

雄马遇上雌马就会失去绅士风度

嘿 嘿

暗香袭来……

在人类世界，初次遇见喜欢的人，通常会很羞涩，再激动也不会将情绪流露在脸上。马的世界可大不一样。雄马遇到雌马时，**会毫不掩饰，露出猥琐的笑容靠上前去。**

雄马露出笑脸，并不是因为遇到喜欢的雌性太开心了，而是**这种面部姿势能让它们更好地发挥嗅觉，闻到雌马身上的气味。**

雄马凑上前闻来闻去，是在**确认雌马是否做好了交配的准备。**或许这是雄马与雌马之间特有的交流方式，但在人类看来，它们嗅来嗅去的样子实在是有失风度。

生物名片

哺乳类

■ **中文名**　马
■ **栖息地**　在世界范围内被作为家畜广泛饲养

■ **大小**　体高约1.6米
■ **特点**　也啃食较硬的草，因而牙齿发达，脸变得很长

仙女水母拼命保持倒立，
只为共生藻能晒上太阳

轻悠悠漂浮在水中的水母，有种梦幻之美。近年来，它们备受欢迎，许多海洋馆中都能看到它们的身影。

然而，仙女水母却没有赶上这波水母热潮。它们还是一如既往地**将身体抱成一团，静静地待在海底**。

原来，仙女水母**靠触角内共生藻提供的养分生存**。这些共生藻必须吸收阳光才能制造营养。为此，仙女水母**不得不调整姿势，头朝下、四脚朝天，以接受光照**。

这简直是把自己的身体当作培养植物的花盆了。难道它们别无选择了吗？为了填饱肚子不得不辛苦倒立，看着好累啊！

生物名片

水母类

- ■**中文名** 仙女水母
- ■**栖息地** 热带的浅海区域

- ■**大小** 伞直径约10厘米
- ■**特点** 喜欢水流小而平缓的浅海

海马家族由爸爸来"生"孩子

在两性繁殖的动物中，几乎都是由雌性负责生育。不过，这一常识在海马身上并不适用——在海马家族中，**负责"生"孩子的是爸爸**。

雄海马的腹部有一个育儿袋，交配后，雌海马会将卵产入其中，接下来就交由雄海马来孵化，直到小海马出生。**雄海马的育儿袋和人类小指差不多大**，**里面可以装下 1000 多枚卵**。这让它们的肚子变得圆鼓鼓的，看上去像孕妇似的。

雄海马父爱的光辉让人称赞，不过经常会发生这种情况，未免让人同情它们：辛苦熬了 2 个月把卵孵化，以为解脱了，结果**不仅要带孩子，还要匆匆迎接下一波——海马妈妈已经准备好再次产卵**。

生物名片

硬骨鱼类

- **中文名** 管海马(海马的一种)
- **栖息地** 印度洋到太平洋的浅海
- **大小** 全长约17厘米
- **特点** 平常用尾巴卷住海藻或珊瑚来固定身体

座头鲸爸爸狠心又薄情

座头鲸每年都会有规律地洄游。夏季，它们会游到食物充足的寒冷海域，自由觅食、养精蓄锐；**冬季则游回温暖的海域**，寻找恋人、**繁殖过冬**。

到达温暖的海域后，雄鲸会与心仪的雌鲸交配。接下来，想必会组建幸福的家庭吧？然而现实和想象的截然相反，之后**只有雌鲸独自抚养孩子**。

在哺乳期间，雌鲸精心照料幼鲸生活，完全顾不上自己，好几个月都不进食。而雄鲸呢，**交配结束后便抛妻弃子**，转头寻找其他雌鲸去了。

生物名片

哺乳类

- **中文名** 座头鲸
- **栖息地** 广泛分布在大洋中

- **大小** 体长约13米
- **特点** 据说,雄鲸会向雌鲸唱歌求爱

冠扁嘴海雀刚出生就被迫跳崖

冠扁嘴海雀对大海情有独钟。身为海鸟的它们，**无论捕食还是睡觉，都在海面上进行。**

不过，产卵孵育这件事，在海上显然搞不定。因此每到产卵期，冠扁嘴海雀就会登陆上岸，**在沿海50米高的悬崖上筑巢。**

这样一来，可怜的是雏鸟——它们**破壳而出第一次看世界，**视野却和悬疑剧里被警方追捕到天涯海角的犯人差不多。

不仅如此，由于亲鸟早已返回海面，为跟上它们的脚步，雏鸟只能从悬崖上滚落下海。更悲剧的是，它们还**必须选在月黑风高的夜晚跳崖，以免被天敌发现。**

生物名片

鸟类

- ■**中文名** 冠扁嘴海雀
- ■**栖息地** 日本、韩国南部附近的海域
- ■**大小** 全长约24厘米
- ■**特点** 经常在海面上展翅漂行，姿势如飞翔一般，以捕食鱼类为生

蚤蜗牛被鸟吞食后，随粪便迁徙到四面八方

惊心动魄的旅程即将开始。

蚤蜗牛是一种迷你小蜗牛，广泛栖息在太平洋岛屿上。行动缓慢的它们活动范围有限，**连水洼都越不过去**，更别提什么跨海游泳了。那它们是怎么迁徙、散布到诸多岛屿上的呢？

答案让人有些哭笑不得——**它们靠混在鸟粪中"偷渡"**。蚤蜗牛经常遭到栗耳短脚鹎（bēi）、暗绿绣眼鸟等小鸟的捕食，沦为它们的腹中餐。厉害的是，被鸟儿吞下的蚤蜗牛中，居然**有 15% 左右的幸运儿能抵住消化液的腐蚀，随粪便一起被排泄出来**。

也就是说，鸟儿变成了蚤蜗牛专用的搬家工人。包裹在便便快递中的蚤蜗牛，就这样被运送到远方的岛屿上。

生物名片

腹足类

- **中文名** 蚤蜗牛
- **栖息地** 太平洋的岛屿
- **大小** 壳直径约2.5毫米
- **特点** 在迎风的山林落叶下等地方栖息

火焰乌贼美得像花儿一样，却整日过着伪装的生活

在海洋中自在悠游，这是乌贼该有的生活。然而不知是不是实力不够强的缘故，有一种乌贼**整日过着伪装的生活**，那就是火焰乌贼。

火焰乌贼也叫花乌贼，正如其名，它们的外表犹如红黄相间的花朵，色彩鲜艳又华丽。不仅如此，火焰乌贼**还能像忍者似的改变体色，使自己和周围的岩石、珊瑚等完美地融为一体**；行动也颇有忍者风范，它们**用两条肥硕的腕足，在海底蹑手蹑脚地行进**。

偶尔遭遇敌袭，火焰乌贼会迅速变换体表的颜色警告对方。发现在劫难逃时，雌乌贼会把卵产在死去的贝壳中藏好。总之，它们一生都靠欺骗他人的眼睛活着。

生物名片

头足类

| ■ 中文名 | 火焰乌贼 | ■ 大小 | 全长约7厘米 |
| ■ 栖息地 | 澳大利亚北部的海底 | ■ 特点 | 用两条捕食足迅速捕猎 |

虎鲸边呼气边喷鼻屎

在屎屎屁这方面，许多动物都有让人迷惑的行为。海牛边游泳边放屁，虎鲸则会喷鼻屎。"别喷了……"参观海洋馆时，大家可能会听到工作人员这样"抱怨"。呼气时，鼻屎难免跟着一起喷出，这也是没办法的事。其实，**不只虎鲸，海豚和其他鲸类也会喷鼻屎。**

有些朋友可能已经注意到：长颈鹿会用舌头挖鼻屎；狗则会舔掉流出来的鼻涕；黑纹卷尾猴会用木棍挖鼻子，并用舌头舔舐挖出来的脏物，加以确认……

这是因为**只有人类会用口鼻呼吸，其他动物都只用鼻子呼吸。鼻屎可是个老大难的问题**，处理不好可是攸关性命的。

生物名片

哺乳类

- ■ 中文名　虎鲸
- ■ 栖息地　广泛分布在大洋中
- ■ 大小　体长约7米
- ■ 特点　会借助海浪冲上岸边捕食，再退回海里

122

牛打嗝太多，以至于危及环境

全球气候变暖是个严重的威胁。高浓度的温室气体造成植物枯萎、森林衰减；随着气温升高，大量冰川融化，导致海平面上升……这一问题产生的根源，主要是工厂和汽车排放的废气。除此之外，**温室气体还有另一大来源，那就是牛打的嗝。**

牛吃下草后，必须经过反刍（chú）才能消化。反刍过程中会产生大量的温室气体，通过打嗝的方式排出。1 头牛 1 天打嗝排放的气体约有 500 升，这样算下来，**全球的牛每天要排放 7400 亿升。**看来，人类要想安心享用牛肉和牛奶，**得赶紧开发出能减少牛打嗝的饲料啊！**

生物名片

哺乳类

■ 中文名	牛	■ 大小	体高约1.4米
■ 栖息地	在世界范围内被作为家畜广泛饲养	■ 特点	为充分消化草料,胃分成4个部分

桂竹一开花，整片竹林
都会迎来死亡的命运

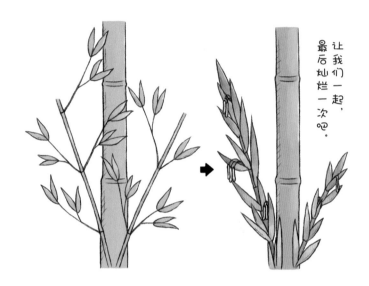

让我们一起，
最后灿烂一次吧。

在山林间，人们时常能看到郁郁葱葱的桂竹，却极少见到它们开花。这是因为，桂竹要**生长 120 年才能开一次花**。

桂竹的花犹如燃烧的仙女棒，绚烂而短暂。**一簇花开，整片竹林会一齐绽放**。这种难得一见的景观，吸引不少有心人前往探寻。

原来，我们看到的**一大片竹林，地下茎却如下水管道般连在一起，很可能是同一株竹子**。偶有竹子跨山隔省地同时开花，也是共同的遗传基因所致。

不幸的是，桂竹一生只开一次花。也就是说，结出种子后，整片竹林都会迎来死亡的命运。

生物名片

单子叶类

- ■**中文名** 桂竹
- ■**栖息地** 中国黄河以南地区及日本
- ■**大小** 株高约15米
- ■**特点** 用途广泛，常被制成竹筐、竹扇
  等生活用品和工艺品

熊在冬眠期会用便便堵住肛门

秋天，熊会摄入充足的食物，等到天气转冷，便窝在洞穴里睡眠过冬。这时，它们体内的脂肪会缓缓转化，为身体提供能量，因此，**几个月不吃不喝也不成问题**。问题是，排便要如何解决呢？

别担心，它们压根就不用排便。积存的小便会被身体再次吸收，不必排出；至于大便，**熊体内会留有硬硬的"大便门卫"堵住肛门，阻止粪便排出**。

待温暖的春天来临，从睡梦中醒来的熊会吃下柔软的青草，然后借助消化过程中产生的大量气体，**充满气势地把积存的便便发射出去，就像葡萄酒开栓似的**。

生物名片

哺乳类

■中文名	日本黑熊	■大小	体长约1.5米
■栖息地	日本本州、四国的山野地区	■特点	擅长爬树，会爬上高处采食果实

2

披荆斩棘的鱼石螈

同学们好！我是鱼石螈。
很多人都说我长得像蜥蜴，
可我不是爬行动物，
而是和青蛙、蝾螈一样，
属于两栖动物。
早在4亿年前左右，
我们就已经生活在地球上了，
这么说来，我们还是大前辈呢。
哼哼！

青蛙和蝾螈
如今悠然地生活在陆地上，
然而想当年，我们可是千辛万苦
才从水中走向陆地的。
这可是很厉害的哦！

127

第 **5** 章

让人遗憾的

能力

本章介绍的 25 种生物，
都拥有一些奇奇怪怪的能力，
让你目瞪口呆："还可以这样？！"

翻页动画小剧场

我劝你善良，
不要对我恶作剧！

薮猫听力太好，有时被吵得无法狩猎

薮（sǒu）猫简直是"大草原上的超模"。它们身材修长、线条优美，小小的脸配上大而灵动的猫耳朵，**把可爱诠释得淋漓尽致**。

这对耳朵非常灵敏，甚至**能够感知到躲在地下的老鼠的动静**，是它们最厉害的狩猎武器。

然而，听力太好有时也会带来烦恼。大风天里，呼呼的风声充斥着耳朵，聒噪得不得了，以至于薮猫**很难保持注意力超过 10 分钟**，也就别提探听什么猎物的藏身之所了。

因此，一旦有强风袭来，薮猫便只好暂停狩猎："听风由命吧。"

生物名片

哺乳类

- ■ **中文名** 薮猫
- ■ **栖息地** 非洲的草原
- ■ **大小** 体长约85厘米
- ■ **特点** 动作迅速，擅长跳跃，甚至能捕捉到飞鸟

捕蝇草捕捉到的不是蝇，几乎都是蜘蛛

唉，又是你们！

在自然界，有一些另类的植物以捕食昆虫等为生，因此被称为"食虫植物"。其中，捕蝇草尤为特别，它们的**叶子顶端长有捕虫夹，像长满尖牙的利嘴一样，一开一合就把闯入的昆虫吞食入腹。**

捕蝇草，从名字上来看，很多人会以为它们主要靠捕食飞来飞去的苍蝇为生。然而调查研究显示，捕蝇草捕到的猎物中，蝇类飞虫仅占 5%，其余**都是蜘蛛、蚂蚁之类不会飞的昆虫。**

另外，捕食昆虫需要消耗大量的能量。如果有人故意戏弄，**不停地用手指碰触捕蝇草，它们就会耗尽能量而枯萎，**也就是说，活活把自己给累死。

生物名片

双子叶类

- **中文名** 捕蝇草
- **栖息地** 北美的湿地
- **大小** 高约10厘米
- **特点** 捕虫夹内有传感器，昆虫碰触两次，捕虫夹就会闭合

蚊子遇到一点儿微风就飞不动了

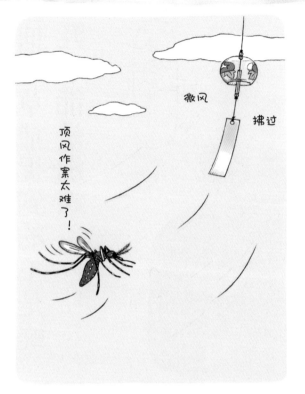

一到夏天，蚊子便四处撒起欢来。不论人类还是牲畜，都很讨厌蚊子。它们在耳边嗡嗡地飞来飞去，让人烦躁抓狂；还会将毒针刺入人体，奇痒无比。

对付蚊子，除了蚊香和杀虫剂，还有一个小妙招——开动电风扇，就能将它们驱赶开去。

说起来，蚊子 1 秒钟能振翅 500 ～ 1000 次，速度并不慢，我们听到的嗡嗡声就是它们振动翅膀发出来的。然而，**和风力强劲的电风扇相比，蚊子的速度就有些小巫见大巫了。**

甚至只需空调来点儿微风，它们就东摇西晃飞不动了。

生物名片

昆虫类

- ■ 中文名　白纹伊蚊
- ■ 栖息地　热带到温带地区
- ■ 大小　体长约4.5毫米
- ■ 特点　夏季活动最为猖獗（chāngjué）

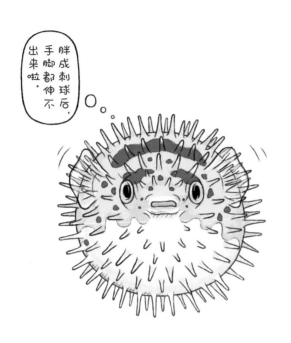

胖成刺球后，手脚都伸不出来啦。

六斑刺鲀膨胀成球后，既不能游泳也不能吃饭

　　六斑刺鲀，正如其名，它们的体表覆盖着一层尖刺。一旦遇袭，六斑刺鲀便会**吞下海水，把身体膨胀成带刺的毛栗一般，形成完美的防御**。即便是凶暴的海鳝或环纹蓑鲉（yóu）[1]，对它也无从下口。

　　不过，这一防御也有缺点。胖乎乎的六斑刺鲀本就不擅长游泳，膨胀成刺球后，**几乎连自己的身体都难以控制**。而且胃部积蓄着大量海水，饭也吃不成了。

　　万一不幸被捕捞，或者被海浪冲上岸，六斑刺鲀也会吸入空气膨大自己，可这样身体更加动弹不得，白白丢了小命。

[1]也叫龙须狮子鱼，体表布满褐色竖条纹，胸鳍大如扇子，有多条背鳍。常躲在礁缝中，用背鳍毒刺袭杀甲壳类、小鱼等。

生物名片

硬骨鱼类

- ■**中文名** 六斑刺鲀
- ■**栖息地** 热带到温带的沿岸浅海
- ■**大小** 全长约30厘米
- ■**特点** 雌鱼由多条雄鱼护送到海面产卵

眼镜猴长着一对大眼睛，狩猎时却派不上用场

藏猫猫

眼镜猴的独特之处在于那一双大如栗子的眼睛。它们的**眼球直径可达 16 毫米，几乎和脑子差不多大**。这双大眼睛能汇集大量光线，即便在黑漆漆的夜晚，也能轻松发现虫子、蜥蜴等猎物。

这样的眼睛在捕猎过程中也会立下大功吧？然而实际情况是，在**狩猎的瞬间，眼镜猴会闭上眼睛，什么也看不见**。

原来，锁定猎物后，眼镜猴就会在树枝间穿梭跳跃、上前抓捕。可在这过程中，**眼睛如果保持睁开的姿势，很容易被身旁的树叶、小树枝等划伤**。如此看来，它们狩猎很大程度上还是凭感觉啊！

生物名片

哺乳类

- **中文名** 菲律宾眼镜猴
- **栖息地** 菲律宾的森林
- **大小** 体长约12厘米
- **特点** 白天光线强，大多数时间都在睡觉

134

白脸角鸮发现强敌时，会秒变成瘦子

白脸角鸮是猫头鹰的同类。它们平时一副胖乎乎的可爱姿态，一旦发现有强敌靠近，就会"嗖"地一下眯起眼睛、缩起羽毛，**拉长身体装成树枝的模样**，**以瞒过敌人的眼睛**。

体形变化如此之大，以至于让人想问一句："确定骨骼没变形吗？"不必担心，白脸角鸮的这种变身魔术并不是永久性的，身体部位变得再细，骨骼也依然完好。

而如果敌人体形一般般，它们就会调整策略——瞪大眼睛、张开羽毛，使自己变大一号，以孔雀开屏的姿势威吓退敌。一会儿变瘦一会儿变胖，白脸角鸮可真是忙翻天了。

生物名片

鸟类

- **中文名** 白脸角鸮
- **栖息地** 非洲南部的森林

- **大小** 全长约24厘米
- **特点** 夜行性动物，以昆虫和小动物为食

长尾虎猫会模仿猴子的叫声来诱捕对方，但很少成功

长尾虎猫是山猫的同类，平常在树上生活。它们连狩猎也在树上进行，以捕食老鼠、松鼠、蜥蜴、鸟、猴子等为生。

长尾虎猫的**狩猎绝招是学舌——模仿猴子的叫声**。在其栖息地周围，生活着一种叫作"黑白柽（chēng）柳猴"的猴子，是它们的一大猎食目标。捕猎时，长尾虎猫会**模仿黑白柽柳猴幼崽的叫声，将成年猴子骗过来。**

可是，这一绝招有一个致命的缺点，那就是长尾虎猫的**外表和黑白柽柳猴截然不同**。大多数被叫声引诱过来的猴子，**看到长尾虎猫的模样后，转身就溜**。

生物名片

哺乳类

- ■**中文名** 长尾虎猫
- ■**栖息地** 美洲的森林

- ■**大小** 体长约63厘米
- ■**特点** 尾巴和四肢粗壮有力

136

琉球龙蜥的威吓方式是做俯卧撑

许多动物都有**领地意识**。简单来说，领地就是仅供自己和家族生活的场所，**天敌或其他动物不得入内**，这样自家人才可以安心进食、生产。

偶尔难免有不速之客入侵领地，引发骚乱。身为领主的一方通常会发出嗥（háo）叫，使出浑身解数让身体显得更加庞大，以威吓对方。然而，琉球龙蜥的威吓方式却很另类，它们会**突然认真地做起俯卧撑，像健美先生一样秀出肌肉**。

用这种动作示威，想想就很累。尤其是**赶走其他雄蜥后，领主还在着迷地做俯卧撑**。难道它们是在自我欣赏，沉醉于胜利的喜悦中？

生物名片

爬行类

- **中文名** 琉球龙蜥
- **栖息地** 日本冲绳群岛、奄美诸岛的森林
- **大小** 全长约25厘米
- **特点** 见威吓无效，会一溜烟儿盘绕到树上

137

蚁狮辛苦布下陷阱，一个月才捉到一只蚂蚁

静候客人光临。

蚁狮会在沙土中制造漏斗形陷阱，一旦有蚂蚁之类的虫子跌入其中，它们就会将口器刺入猎物体内，吸食其体液。

这对猎物来说简直如堕地狱。不过，制造陷阱的猎人也很辛苦。蚁狮要在沙土里一圈一圈地倒退着拱出洞来，同时用巨大的上颚把塌落下来、比身体还重的沙粒抛向坑外。最后，**沙坑中央只剩下疏松的流沙，猎物一个不慎，掉入后就很难再爬出去。**

然而，煞费苦心制造的陷阱，**有时一个月只能捉住一两只蚂蚁。**其间，蚁狮还得一直潜伏在坑底等待。如此看来，**这更像是狩猎者的地狱。**

生物名片 ————

昆虫类

- **中文名** 蚁蛉(líng，幼虫期叫蚁狮)
- **栖息地** 亚热带、热带半干旱地区
- **大小** 体长约4厘米(成虫)
- **特点** 幼虫化为成虫需1年以上

真鳄龟中，大人的狩猎本领还不如孩子

真鳄龟是一种大型龟，全长接近一年级小学生的身高，体重堪比相扑选手。它们的壳像岩石一样坚硬，咬合力也很强，可以轻松咬断人类的手指。

不过，真鳄龟的**脑袋比较大，无法缩进壳中**。更让它们头疼的是，**从幼年到成年，狩猎本领反而会变差**。

这是因为它们的"钓术"在逐渐失灵。真鳄龟的舌头上长有鲜红色的肉突，形似蚯蚓。它们**靠蠕动舌头将鱼等猎物诱骗到身边**，再将其吃掉。然而，**舌头的颜色会随年龄的增长逐渐暗淡，很难再骗过鱼**。

更悲剧的是，脑袋缩不进壳里，也无法装成岩石骗过猎物。

生物名片

- ■中文名　真鳄龟
- ■栖息地　北美东南部的池塘、沼泽

爬行类

- ■大小　全长约1.2米
- ■特点　日本电影《加美拉》中的怪兽原型

139

蜣螂遇到阴天会绕路

蜣螂俗称"屎壳郎"，因其推粪球的壮举而闻名。一有动物排便，蜣螂便会**循着气味赶来，然后开始就地加工**：先去除粪便中的粗纤维，再将其切成小块、整成球形，然后把它轱辘轱辘滚回家。

"便便这么美味，怎么能让别人抢走！" 它们屁股朝天、倒推着粪球径直朝家赶，可是，这样的姿势要怎么辨别方向呢？

天上的太阳和银河就是蜣螂的方向标，它们**靠光来定位**。这可是个厉害的本领，然而一旦遇上阴雨天，看不见星河，那就大事不妙了——**它们只能在途中徘徊，一点点摸索回家的方向。**

生物名片

昆虫类

■ 中文名	蜣螂		■ 大小	体长约2厘米
■ 栖息地	广泛分布在南极洲以外的各大陆		■ 特点	头部前端特化出铲形结构，用它来切碎粪便，再用后腿搓圆

鲤鱼不打嗝就无法潜水

绝大多数的鱼体内都长有鳔，它能像气球一样膨胀或收缩。**通过调节鱼鳔内的气体含量，鱼可以在水中自由浮沉。**

大多数鱼都会利用体内气体来调节鱼鳔的大小，而鲤鱼及其同类却没有这个能力。**不用嘴巴呼吸的话，鲤鱼无法调节鱼鳔的大小。**我们经常看到有鲤鱼浮上水面，嘴巴一张一合，原因就在于此。

偶尔也会出现吸入空气过多的情况，导致浮力过大，无法潜入水中。这时，鲤鱼会**打个大大的嗝**，**排出一部分气体**，然后再潜入水中。

生物名片

硬骨鱼类

- ■ **中文名** 鲤鱼
- ■ **栖息地** 亚洲水流平缓的河流、湖泊、池塘
- ■ **大小** 全长可达1米
- ■ **特点** 喉咙处长有牙齿，能咬碎坚硬的贝壳

141

野兔其实一点儿都不想蹦蹦跳跳

爱惜小命要低调，平心静气很重要。

提起兔子，大家的印象可能就是它们蹦蹦跳跳的欢快模样，可实际上，这只存在于漫画或动画片中，是人类塑造出来的兔子形象。

在野外环境，野兔基本都是安安静静地呆着，几乎一动不动，更不会轻易跳来跳去。**这种大幅度动作很容易招来狐狸、猫头鹰之类的猎食者，有丢掉小命的风险**。因此，即便是移动或前进，它们也会很低调，不会高高跳起。

只有被敌人发现时，野兔才会全力跳跃着逃跑，**最高时速可达 64 千米**，和疾速奔跑的马不相上下。对它们来说，这是生死攸关时才会采用的终极手段。

生物名片

哺乳类

■**中文名**	日本兔		■**大小**	体长约50厘米
■**栖息地**	日本本州、四国、九州的森林和草原地带		■**特点**	在降雪多的地区,冬季毛色会变白

芒灶螽弹跳力惊人，不小心会撞墙而死

生活在乡间或者去乡间游玩过的小伙伴们，大多都见过芒灶螽（zhōng）这种昆虫，它们和蝗虫同属于直翅目大家族。芒灶螽有着红褐色的身体和发达有力的后腿，可能会让人联想到蟑螂，尽管它们在生物学上关系很远。

凭借弹跳力绝佳的后腿，芒灶螽在乡野和村民家的厨房神出鬼没。有纪录显示，它们**能跳 3 米高，相当于人类飞跃到 50 层楼**。

如此惊人的弹跳力，也会带来危险。人工饲养的芒灶螽，处在相对狭小的饲养盒内，如果**一不小心跳过了头，撞到盒子上，可能会引发悲剧**。

生物名片

昆虫类

- **中文名** 芒灶螽
- **栖息地** 除南北极外，各大陆均有分布

- **大小** 体长约2厘米
- **特点** 弹跳力惊人

散疣短头蛙作为蛙类，既不会跳跃也不会游泳

即便如此，我还是可爱的小呱呱。

散疣短头蛙是一种雨蛙。不同于其他蛙类，它们不是生活在池塘、河流等近水的地方，而是**在地下挖洞穴居**，平常藏在土里，只有下雨时**才来到地面上。**

它们的体形也很独特，圆滚滚的身材像小馒头似的，因此也叫"馒头蛙"。小短腿加上没有蹼（pǔ），身体没什么突起，在土里更容易前进，不过**游泳、跳跃**什么的还是算了。万一落水的话，可以靠气鼓鼓的肚子浮起来。

遇到敌人时，散疣短头蛙会把身体吹成气球，配合"蛙吼功"威吓。**可惜身体只有乒乓球大小，看上去一点儿也不可怕。**

生物名片

两栖类

- ■ **中文名** 散疣短头蛙
- ■ **栖息地** 非洲南部的热带稀树草原和荒漠草原
- ■ **大小** 体长约4厘米
- ■ **特点** 刨土坑产卵，卵直接发育成幼蛙，没有蝌蚪期

虎甲因为自己行动过快
而看不见猎物

　　虎甲长着螳螂一样的脑袋，身上有着瓢虫一样的斑点。从初春到秋末，从树林间到河滩边，时常可以看到它们的身影。不过，想要抓住它们，可着实有些困难。

　　虎甲速度极快，眼睛一花，它们就飞过去了，让人有种瞬间移位的错觉。**由于速度过快，往往连虎甲自己都搞不清楚此时此刻身在何处。**因此它们在捕猎时，会时常停下来，反复确认自己的位置。

　　因为它们总是跑到人前面又折返回来，所以又叫"引路虫"。可实际上，虎甲或许**只是迷路罢了**。

生物名片

昆虫类

■**中文名**	虎甲
■**栖息地**	亚热带到热带的森林、河滩

■**大小**	体长约2厘米
■**特点**	用锋利的大颚捕食其他昆虫

飞鱼飞到空中逃命，
却成了鸟儿的盘中餐

飞鱼生活在上层海域，游速极快的金枪鱼等大型鱼类，都是它们的天敌。浑身上下实在没什么胜算，该怎么办呢? **飞鱼将目光转向了天空这一庇护所，开始乘风滑翔。**

它们破水而出，展开大大的胸鳍和腹鳍，往海面上空飞去，有时甚至**可以滑翔超过400米的距离**，让人叹为观止。

然而，天空也不是绝对安全，**鲣鸟早就瞄上了它们。**不用下海就有飞鱼群送上门来，这对鲣鸟来说，跟中到大奖差不多。由此看来，飞鱼展翅高飞所抵达的或许并不是自由之地，而是另一个战场啊!

生物名片

硬骨鱼类

- ■ **中文名** 飞鱼
- ■ **栖息地** 广泛分布在温暖海域

- ■ **大小** 全长约35厘米
- ■ **特点** 在海面附近成群游动，捕食浮游生物

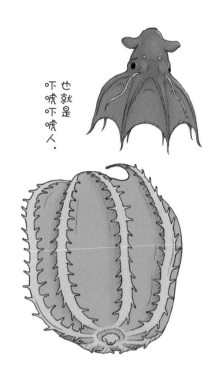

也就是吓唬吓唬人。

幽灵蛸 长得像个刺球，但其实软乎乎的

幽灵蛸（shāo）的外表极具视觉冲击力：蓝色的大眼睛、形似耳朵的鳍、如伞一般连在一起的腕足……**这副可怕的模样为它们带来了另一个名字——吸血鬼乌贼。**

然而，也就仅仅是看起来恐怖而已。遇敌时，幽灵蛸会迅速把腕足翻起来盖在身上，变身成带刺的肉球，以此来威吓敌人。仔细观察的话，会发现**触手上的刺软乎乎的，毫无攻击力。**

幽灵蛸的性情也很温和，它们平常以海雪①为食，过着与世无争的日子，**名声纯粹是被外表耽误了。**

①海水中的絮状悬浮物，由细菌等分泌的黏液粘连上死去的动植物碎屑、排泄物等形成。

生物名片

头足类

- **中文名** 幽灵蛸
- **栖息地** 热带到温带的深海

- **大小** 全长约30厘米
- **特点** 用2条如同线一般的捕食须捕
  捉猎物，而非使用8条腕

群居织巢鸟的巢太大，以至于把树都压倒了

群居织巢鸟是一种和麻雀差不多大的小型鸟。不过，**它们筑造的巢却堪称鸟类世界中的巨型豪宅。**它们成群住在一棵树上，由于鸟群年年扩大，每年都会盖新房子，时间久了，鸟巢也越来越大，**最大的直径可达 6 米**，重约 1 吨，令人惊叹不已。

鸟巢内部有 100 多个房间，每个房间都住着一个夫妻家庭或是亲子家庭。整个巢最多约有 500 只鸟一起生活，**宛如一大片住宅区。**

然而，承受着巨大的巢和众多的鸟，栖息的大树会渐渐不堪重负。一旦遇上刮风或下雨，更是雪上加霜，很可能就此**树倒鸟群散。**

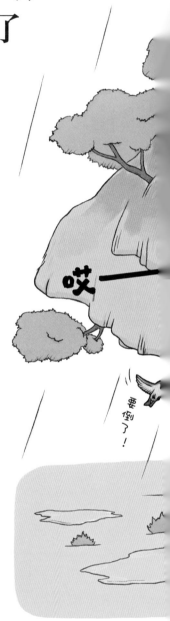

哎——

要倒了！

生物名片

鸟类

■ **中文名**　群居织巢鸟
■ **栖息地**　南非的草原
■ **大小**　　全长约14厘米
■ **特点**　　幼鸟会照顾同巢的雏鸟

148

壮体小绵鳚张嘴比大小时，用力过猛会亲上对方

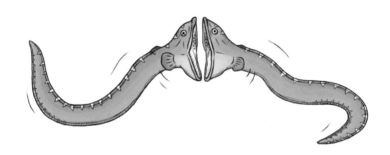

　　每到夏季，壮体小绵鳚（wèi）的雄鱼就会热血沸腾，**为争夺和雌鱼的恋爱机会展开竞争**，对抗的形式如上图所示。

　　说到竞争对抗，大家往往会想到气氛紧张激烈的现场，可能还伴随着"喂，你给我小心点！""别跟我玩这套！"这种粗鲁的呼喝声，然而现实中却是这样的画面：**两只雄鱼相对无言，单纯地比谁的嘴巴更大。**

　　或许它们觉得，与其拼个两败俱伤，不如和平解决争端。问题是，如果两只雄鱼嘴巴差不多大，**很可能比着比着，彼此越来越靠近，最后狠狠亲到一块儿去了。**

生物名片

硬骨鱼类

- **中文名** 壮体小绵鳚
- **栖息地** 日本西部的沿海礁石地带
- **大小** 全长最大约10厘米
- **特点** 雌雄一起守护卵，直到其孵化

鸭嘴兽浑身上下都与众不同

鸭嘴兽可以说是当今世上现存的最奇妙的动物之一了。它们和人类一样是哺乳动物，但却是卵生的。鸭嘴兽妈妈**没有乳头，乳汁像汗水一样从腹部两侧分泌出来。**其他动物捕猎时依靠眼睛和耳朵来定位，它们**游泳时却会闭上眼睛、耳朵和鼻孔，以防进水。**

这样并不妨碍猎食，因为鸭嘴兽的喙上有超灵敏的感受器，能侦测到猎物移动时发出的微小电波，从而锁定其位置，迅速潜水捕猎。

原以为它们的喙特别坚硬，这样才能咬住猎物，可实际上**它们的喙软绵绵的**，得先把猎物藏在腮帮子里，然后再用颌骨夹击吃掉。总之实在是足够另类！

生物名片

哺乳类

■ **中文名** 鸭嘴兽
■ **栖息地** 澳大利亚的河流与湖泊

■ **大小** 体长约40厘米
■ **特点** 在水岸边挖洞穴居，巢穴长可达18米

似鸟龙用一年时间才长出翅膀，却不会飞

似鸟龙是一种长着翅膀的原始恐龙。在加拿大出土的化石上，人们发现了类似翅膀的前肢和羽毛的痕迹，这成了**研究恐龙向鸟类演化的关键证据之一**，它们也因此备受瞩目。

鸟类通常在出生后 1 ~ 2 周内长出飞羽，而似鸟龙则要**在 1 岁以后、成年了才长出翅膀**。不仅如此，似鸟龙的翅膀对它们的体形来说非常小，根本无法飞行。

科学家推测，似鸟龙的**翅膀不是用来飞翔的**，很可能只是为了向**异性展示魅力，或者用来孵蛋保温**。因此，如果你看到它们的翅膀联想到桑巴舞服饰，很可能猜对了。

生物名片

爬行类

- ■**中文名** 似鸟龙(已灭绝)
- ■**栖息地** 北美
- ■**大小** 全长约3.5米
- ■**特点** 形似鸵鸟，跑速很快

152

鹿遇到危险时，会屁股开花通知同伴

大家快撤啊！

　　遇到危险时，群居的食植性动物一般会发出尖叫声来通知伙伴："有敌袭，危险！"

　　鹿当然也不例外。不过，除了尖叫，鹿还有更别致的通讯方式，那就是**利用它们的屁股**。鹿的屁股上长有一簇簇白色的毛，**一旦感知到有危险，这些白色的毛就会"啪"地绽开成桃心形**，非常引人注目。

　　而鹿群有一个习性：只要看到白色的屁股，就会不自觉地想要追赶。当预警的那头屁股开花的鹿撒丫子逃跑时，其他的鹿会紧随其后，最后**整个鹿群浩浩荡荡地迅速奔逃，一散而空**。

生物名片

哺乳类

■ 中文名	梅花鹿	■ 大小	体长约1.5米
■ 栖息地	中国、俄罗斯的森林和草原	■ 特点	只有雄鹿长角

153

屁步甲用高温屁灭掉敌人的威风

必杀技
高温毒屁，发射！

"屁步甲"这名字听起来就惹人发笑。正如其名，它们一旦遭到袭击，就会放屁抵御。不过，它们的屁跟人类大不相同。

屁步甲的屁是一种"毒剂弹"。屁步甲将两种化学物质在体内混合，再加上催化剂，就能**瞬间制造出一种超过 100℃的有毒喷雾。这种利用化学反应喷射的原理，跟人类发射火箭差不多。**

不仅如此，屁步甲的屁股尖端还可以自由弯曲，以便调整角度瞄准敌人，**实现精准打击。**

这么厉害的武器，却是从屁股发射，甚至因此给自己冠了名，不免让人遗憾。

生物名片

昆虫类

- ■**中文名** 屁步甲
- ■**栖息地** 东亚的湿地
- ■**大小** 体长约1.5厘米
- ■**特点** 夜行性动物，以其他小型昆虫等为食

154

臭鼬对自己的屁过于自信，甚至会挑战汽车而丧命

吃我一屁，还不让开？

臭鼬在遭遇袭击时，会放屁御敌。准确地说，它们放出的不是屁，而是黄色的臭液，其威力远非人类的屁可比。**这种臭味在1千米外的地方都能闻到**，一旦不慎让臭液进入眼睛，甚至会引起暂时性失明。

臭鼬对自己的屁展现出绝对的自信。它们披着一身黑白相间的皮毛，醒目无比，分明是在昭告周围："我很危险，离我远点儿！"

但是，它们未免有些过度自信，**有时甚至敢冲着奔驰的汽车放屁**。结果是，大多数臭鼬来不及躲闪，悲剧地被汽车撞飞，甚至一命呜呼。

生物名片

■ **中文名** 条纹臭鼬
■ **栖息地** 北美的森林

哺乳类

■ **大小** 体长约33厘米
■ **特点** 体表长着黑白相间的条纹

索 引

介绍本书中出现的同类生物。

脊索动物

长有脊椎（脊柱）或脊索（原始的脊柱）的动物。

哺乳类 胎生，父母生下与自己形态相似的孩子，用乳汁喂养。恒温，用肺呼吸。

鸟类 卵生，大多长有翅膀，能翱翔于天际。恒温，用肺呼吸。

爬行类 卵生，用肺呼吸，体温随周围环境的温度变化。

两栖类 卵生，幼体在水中用鳃呼吸，成体变为用肺呼吸。体温随周围环境的温度变化。

硬骨鱼类 在水中生活，用鳍游泳。大多为卵生。体温随周围的水温变化。

软骨鱼类 卵生、卵胎生或胎生。在水中生活，用鳍游泳。骨架由软骨构成。

圆口类 没有颌，嘴巴发展为吸盘。体形如鳗鱼，骨骼柔软。

无脊索动物

没有有脊椎（脊柱）或脊索，脊索动物以外的动物。

昆虫类

身体分为头、胸、腹3部分。大多长有触角和翅膀，足有3对6只。

甲壳类

身体被坚硬的壳覆盖。绝大多数时间生活在水中，用鳃呼吸。

螯肢类

嘴边有名为螯肢的器官，比如钳子。脚通常有4对8只。

头足类

乌贼、章鱼的同类。身体分为头、躯、腕3部分，腕从头部生出。

腹足类

螺的同类。身体柔软，多有螺形壳。

水母类

在水中生活，身体呈果冻状。漂浮于水中，用触手捕捉猎物。

珊瑚虫类

既可以有性繁殖，也可以分裂繁殖。栖息于海洋中。

海星类
有 5 个腕，呈星形。口在身体中央。

涡虫类
生活在淡水或海洋中，体形扁平。具有强大的再生能力，分裂繁殖。

裸藻类
身体呈梭形，靠鞭毛运动，长有眼点。能进行光合作用。

蛲虫类
体形似香肠，两端略尖。肛门处有一圈刚毛，约 10 根。

寡膜类
单细胞生物。表面生毛，利用毛活动。

植物

利用水、二氧化碳、阳光制造能量。

双子叶类
种子的胚最初长有 2 片子叶的植物。叶脉呈网状。

单子叶类
种子的胚最初长有 1 片子叶的植物。叶脉呈直线状。

菌类
蘑菇、霉菌、酵母等。靠寄生或腐生的方式生存。

图书在版编目（CIP）数据

又来了！遗憾的进化／（日）今泉忠明编；（日）下间文惠等绘；王雪译．－－海口：南海出版公司，2021.7

　ISBN 978-7-5442-8626-8

　Ⅰ．①又… Ⅱ．①今… ②下… ③王… Ⅲ．①生物－进化－少儿读物 Ⅳ．① Q11-49

中国版本图书馆 CIP 数据核字（2021）第 074796 号

著作权合同登记号　图字：30-2021-010

おもしろい！進化のふしぎ 続々ざんねんないきもの事典
©IMAIZUMI Tadaaki
Originally published in Japan by TAKAHASHI SHOTEN Co., Ltd.
Translation rights arranged with TAKAHASHI SHOTEN Co., Ltd.
All rights reserved.

又来了！遗憾的进化

〔日〕今泉忠明 编
〔日〕下间文惠 等绘
王雪 译

出　版	南海出版公司　（0898）66568511	
	海口市海秀中路51号星华大厦五楼　　邮编 570206	
发　行	新经典发行有限公司	
	电话(010)68423599　　邮箱 editor@readinglife.com	
经　销	新华书店	
责任编辑	崔莲花　郭　婷	
装帧设计	王小喆	
内文制作	张　典	
印　刷	北京中科印刷有限公司	
开　本	889毫米×1194毫米　1/32	
印　张	5	
字　数	80千	
版　次	2021年7月第1版	
印　次	2024年7月第13次印刷	
书　号	ISBN 978-7-5442-8626-8	
定　价	49.80元	